"十四五"普通高等教育规划教材

高等院校艺术与设计类专业"互联网+"创新规划教材

高等院校建筑与城乡规划类专业"互联网+"创新规划教材

文化主题建筑设计

主　编　杨　丽

副主编　刘　华　彭　旭　贺　念

北京大学出版社

PEKING UNIVERSITY PRESS

内 容 简 介

　　本书是一本关于文化主题建筑设计的教材，主要内容分为三个部分共六章：第一章从城市更新的角度介绍了文化建筑的类型和特点；第二章至第五章围绕文化主题建筑设计所涉及的设计概念生成、场地设计、功能性空间设计、视觉传达设计等环节进行阐述；第六章补充介绍了参数化设计方法及其在文化主题建筑设计中的应用。本书以文化主题建筑的设计概念为核心，围绕建筑设计实践学分课程，将设计理论、设计策略和设计案例深度融合，力求反映国内外文化主题建筑设计发展的新动态、新方法、新成果。

　　本书可以作为高等院校建筑学及相关专业本科高年级学生和研究生的教材，也可作为对文化主题建筑设计感兴趣的相关领域设计人员的参考读物。

图书在版编目（CIP）数据

　　文化主题建筑设计 / 杨丽主编. —— 北京：北京大学出版社，2024．11．——（高等院校艺术与设计类专业"互联网+"创新规划教材）．—— ISBN 978-7-301-35835-1

　　Ⅰ．TU242

　　中国国家版本馆 CIP 数据核字第 20251MX308 号

书　　　　名	文化主题建筑设计	
	WENHUA ZHUTI JIANZHU SHEJI	
著作责任者	杨　丽　主编	
策 划 编 辑	孙　明	
责 任 编 辑	史美琪	
数 字 编 辑	金常伟	
标 准 书 号	ISBN 978-7-301-35835-1	
出 版 发 行	北京大学出版社	
地　　　　址	北京市海淀区成府路 205 号　100871	
网　　　　址	http://www.pup.cn　　　新浪微博：@北京大学出版社	
电 子 邮 箱	编辑部 pup6@pup.cn　　　总编室 zpup@pup.cn	
电　　　　话	邮购部 010-62752015　　发行部 010-62750672　　编辑部 010-62750667	
印 刷 者	北京宏伟双华印刷有限公司	
经 销 者	新华书店	
	889 毫米×1194 毫米　16 开本　12 印张　284 千字	
	2024 年 11 月第 1 版　2024 年 11 月第 1 次印刷	
定　　　　价	79.00 元	

前　言

随着我国城乡建设进入高质量发展阶段，文化建筑（包括博物馆、图书馆、文化中心、艺术中心等，具有文化体验功能和文化象征属性）已经成为城市建设中最具影响力的建筑类别之一。同时，城市和地区的一些重要公共建筑，如大型交通建筑、办公建筑和教育建筑等，也越来越被赋予表达特定文化主题、彰显地方文化的功能和定位。尤其在互联网新媒体快速发展所营造的信息传播环境下，文化主题建筑所具有的传播学特点也使其与社会公众日常生活的联系更加紧密，所蕴含的文化意象也受到更加广泛的关注和评价。党的二十大报告指出，全面建设社会主义现代化国家，必须坚持中国特色社会主义文化发展道路，增强文化自信，围绕举旗帜、聚民心、育新人、兴文化、展形象建设社会主义文化强国。文化主题建筑设计是在城乡建设领域弘扬文化自信的重要课题。

武汉大学建筑学专业将"建筑与文化"作为本科高年级和研究生建筑设计课程的教学主题，进行了长期的教学积累和课程建设。多年来，文化主题建筑设计课程的学生作业屡获学科竞赛奖项，成为武汉大学建筑学专业教学的特色方向之一。近年来，该课程围绕"卓越工程师培养计划"和"新工科"培养理念进行了教学内容和方法的迭代更新，并在构建"大思政"格局的背景下，提出以课程思政提升建筑学专业设计课程教学质量的建设思路，通过价值引领强化能力培养和知识传授，成为建筑学"国家一流本科专业建设点"和武汉大学"课程思政示范专业建设点"的重要试点示范性课程。

本书结合了文化自信的价值导向和文化建筑的社会需求，展现了课程建设的多年积累和最新成果，对新发展阶段的文化主题建筑设计教学作出了探索。全书共六章，第一章城市更新中的文化建筑，紧扣时代背景，从城市更新角度介绍了城市文化地标、文化产业园区、文旅融合街区、社区文化空间等文化建筑的类型和特点；第二章设计概念生成，从地方性文化主题、纪念性文化主题、艺术性文化主题分别介绍了建筑创作中设计概念生成的思路和方法；第三章场地设计，从景观视角和场所视角分别介绍了文化主题建筑常见的场地设计思路和方法；第四章功能性空间设计，介绍了展览空间、观演空间、会议空间、群众文化活动空间及"第三空间"的特点与设计要点；第五章视觉传达设计，介绍了建筑构件、建筑材料与色彩、建筑装饰符号等视觉传达要素的设计原则和方法；第六章参数化设计，介绍了参数化设计的原理和流程及在文化主题建筑设计中的应用。

第一章内容以理论讲授和案例分析为主，可用于学生课后自学、课堂研讨；

第二章至第五章内容与建筑设计实践课程的教学进度基本同步，以理论讲授和案例分析为基础，需结合课堂交流进行设计实践指导；第六章为高阶性内容，可单独讲授，也可结合第二章至第五章的教学环节同步讲授，用于本科高年级学生的拓展学习或研究生的建筑设计教学指导。

本书主编为武汉大学城市设计学院建筑系副主任杨丽，主持编写本书第一章至第六章，副主编为武汉大学刘华、彭旭、贺念，分别参与编写本书第六章、第五章、第三章部分内容。北京大学出版社孙明、史美琪两位编辑对本书的编写给予了帮助，在此一并致谢。书中图片仅作为教学范例使用，版权归原作者及著作权人所有，在此对他们表示感谢。

建筑学学科与行业发展正处于转型时期，国内外关于文化建筑设计的新思想、新观点、新技术也层出不穷，书中挂一漏万之处在所难免。编者力求精益求精，以飨广大读者，若有错误之处，恳请读者批评指正，期待交流反馈，促使我们不断进步。

2024年4月16日
于武汉大学城市设计学院大楼

目 录

引言

文化，就词的释义来说，"文"是"记录，表达和评述"，"化"是"分析、理解和包容"。"文"与"化"并联使用，较早见于《周易》，"观乎天文，以察时变；观乎人文，以化成天下"，意为通过观察天象，来了解时序的变化；通过观察人类社会的各种现象，用教育感化的手段来治理天下。西汉刘向将"文"与"化"二字联为一词，"圣人之治天下也，先文德而后武力。凡武之兴，为不服也。文化不改，然后加诛。"（《说苑·指武》），西晋诗人道"文化内辑，武功外悠。"（《补亡诗》），这里的"文化"对应天造地设的自然，或无教化的"质朴""野蛮"等，表示对人性情的陶冶、品德的教养。因此，在汉语系统中，"文化"的本义就是"以文教化"，属于精神领域的范畴。随着时间的流变和空间的差异，"文化"逐渐成为一个内涵丰富、外延宽广的多维概念，成为众多学科探究、阐释的对象。

在文化范畴方面，人类学对文化的定义比较宽泛，认为"文化是在特定区域范围内，特定人群的行为模式"。广义的文化是指人类所创造的物质财富和精神财富的总和。人类学家将文化分为三个层次：高级文化（High culture），包括哲学、文学、艺术、宗教等形式；大众文化（Popular culture），指习俗、仪式，以及包括衣食住行、人际关系各方面的生活方式；深层文化（Deep culture），则主要指价值观的美丑定义，时间取向、生活节奏、解决问题的方式等。高级文化和大众文化均植根于深层文化，而深层文化的某一概念又以一种习俗或生活方式反映在大众文化中，以一种艺术形式或文学主题反映在高级文化中。19 世纪之前西方国家将建筑视为三大美术之一，属于高级文化范畴。工业革命以来，建筑被纳入人的功能性需求、情感性需求之列，走向大众文化领域。中国古代建筑提出"三分匠人，七分主人"，显示出建筑兼具高级文化和大众文化的特征，从不同层次体现出对深层文化的表达。

在文化结构上，中国学者庞朴从物质和心理以及两者相结合的角度提出三层次说，认为广义的文化结构包括物质文化层、理论制度层和心理文化层[①]。他的理论经过其他学者的不断修正，最后成为"物质、制度和精神"文化结构三层次的学说，并且逐渐为我国文化理论界所普遍接受[②]。物质文化是一种表层文化，包含了衣食住行各个方面；制度文化是一种中层文化，包含了风俗、礼仪、制度、法律、宗教和艺术等；精神文化是一种底层文化，包含了社会的价值取向、审美等。物质文化体现制度文化和精神文化。建筑在文化结构三层次上也都有所体现——表层文化层面，建筑是"住"的载体，是物质文化的体现；中层文化层面，建筑是一种艺术形式，是制度文化的体现；底层文化层面，建筑审美反映社会价值取向，是精神文化的体现。

建筑所反映的文化的多层次性，决定了建筑文化实用性和艺术性互相羁绊，同时又深受精神文化的影响。在一部分强调功能属性的建筑中，如集合住宅、医院、学校、火车站、机场、体育场馆等，建筑对表层文化实用性的追求占主导地位，其内部空间随功能而排布、彼此之间要求有合理的流线衔接，各个单体的内部拓扑结构都有极大的相似性，建筑设计更注重遵循科学严谨的规范。而文化主题建筑对设计概念的文化内涵要求更高，更加注重对中层文化和底层文化的体现，以及对深层文化和精神文化的表达。文化主题建筑，只有从功能和形式以外的文化特质入手，真正传承和表达中国建筑的主体价值，才能在全球化浪潮中不致失掉民族的特征，在中国式现代化过程中实现中华民族伟大复兴。

---

① 庞朴 . 文化的民族性和时代性 [M] . 北京：中国和平出版社，1988.
② 邵汉明 . 中国文化研究二十年 [M] . 北京：人民出版社，2003.

第一章
城市更新中的文化建筑

本章教学要求与目标

教学要求：

引导学生从城市更新的角度理解文化建筑的类型和特点，深入了解城市更新中文化建筑的赋能作用，针对城市更新的不同类别提出适宜的文化建筑设计策略。

教学目标：

（1）知识目标：理解城市文化地标、文化产业园区、文旅融合街区、社区文化空间等基本概念，掌握文化建筑赋能城市更新相关的基本理论和典型案例。

（2）能力目标：能合理选择并灵活运用城市更新理论指导城市与社区更新设计实践，提出适宜的城市文化地标、文化产业园区、文旅融合街区、社区文化空间等设计策略和方案。

（3）价值目标：培养学生以实地调研为基础的严谨细致的设计态度和精益求精的工匠精神；培养学生具备良好的逻辑与辩证思维；培养学生树立生态文明与可持续发展的价值观。

本章教学框架

本章引言

文化在城市更新中扮演着非常重要的角色。就广泛的意义而言，文化涉及城市历史与未来发展路径的选择，也涉及城市功能与形象的方方面面。随着城市旅游和文化新市场的兴起，文化成为城市竞争力的重要因素。当前全球化进程中，文化已经成为衡量一个国家或城市综合竞争力的重要标志。无论是传统的西方发达国家，还是新兴的市场国家，如中国、印度等，都将文化视为"引诱资本之物"①。文化产业在类型上不仅包括艺术作品和活动、创意产业和知识经济，还覆盖与之相关的休闲娱乐业。文化元素被广泛开发和植入，越来越与产品开发、营销策略、品牌塑造和形象推广紧密联系在一起，成为重要的文化资源。法国社会学家布尔迪厄提出文化资本的概念，引发旧城更新的"文化资本论"，意图突破城市发展受自然资源、政策资源等的限制，将文化资源作为旧城复兴的核心要素和城市发展的动力因子，解决城市发展中经济增长、形象品质提升、文化传承创新等一系列问题②。

从全球视角来看，各国城市已陆续开始采用文化战略来复苏面临衰退的工业化时期建设的内城。城市更新将文化作为发展娱乐业和旅游业的附加因素，推动内城复兴，鼓励人口到中心区居住，使内城成为文化和休闲经济的消费者"贮水池"，通过对城市文化的塑造增强城市各阶层的归属感和认同感，吸引人才和投资。文化已经深深地融入当代经济发展中，二者有机结合，促进了文化经济时代的到来。在城市更新的不同阶段和模式下，出现了不同类型的文化建筑，其在城市更新中的功能和定位也各有侧重。

20世纪80年代，大型文化活动成为促进城市更新的催化剂和引擎，带动了自上而下大规模建设的城市旗舰性公共文化建筑、文化基础设施和文化场馆等。投资建设文化建筑，成为汇聚人气、提高地价、吸引投资的有效手段。有了大城市的先期尝试和一批重量级文化建筑的示范，各级地方政府纷纷掀起各自的文化建筑热潮。**城市文化地标**通常是地方政府投资最大的旗舰性文化设施，人们对这类建筑抱有较高的心理预期，政府也会定下较高的设计目标，提供充足的资金，从设计施工到材料设备都尽量采用一流标准，因此也最有条件成为城市中富有表现力的地标。文化地标建筑以展览建筑和观演建筑为主，包括各类文化综合体建筑（cultural complex）、博物馆、美术馆、大剧院、音乐厅等。地标性建筑常被视为城市更新阶段性进展的标志，为城市发展带来了巨大的经济和社会效益，推动了城市对外的形象营销。如西班牙毕尔巴鄂市古根海姆美术馆的建成，带动毕尔巴鄂从衰败的工业城市向后工业服务、金融和旅游中心转型，产生了轰动的毕尔巴鄂效应。成功的地标类文化建筑带来的文化效益，不仅具有经济效益，可以作为城市营销和地方宣传推广的工具，还可以塑造社会成员的共同身份认同感，增强社会凝聚力。

① 费瑟斯通.消费文化与后现代主义[M].刘精明，译.上海：译林出版社，2000.
② 布尔迪厄.文化资本与社会炼金术：布尔迪厄访谈录[M].包亚明，译.上海：人民出版社，1997.

004

20世纪90年代中期开始，进入后工业转型期的城市管理部门越来越重视文化生产和创意产业带来的经济效益，鼓励文化创意产业集群式发展。在文化产业带动的城市更新中，城市发展规划整合城市产业转型的经济战略，**文创产业园区**成为地方性文化规划的重要内容。后工业城市的"文化集群"或"文化区"建设，通过文创产业建筑将艺术活动与文化生产活动结合在一起，并整合文化零售空间和主题餐饮、酒吧等休闲娱乐空间，形成具有新业态的混合功能街区。尤其是在主导产业由第二产业转变为第三产业的城市中，将位于中心区的工业遗产转型为文创产业空间，能有效推动文化生产和消费，促进城市经济发展，带动内城更新，赋予城市新的活力。大部分现代城市都有特征鲜明的后工业文创产业园区，在内城更新中发挥着重要作用，如纽约的苏荷区、巴黎的左岸区等。

20世纪末期开始，随着人们对精神生活的追求逐渐提高，以传统的自然资源为主的观光景点已无法满足日益增长的大众需求。文化旅游逐渐成为人们日常生活中重要的休闲方式之一。具有乡土记忆和地方文脉的场所成为大众推崇的旅游目的地。基于历史文化街区更新的**文旅融合街区**，承载了源自中国文化基因的"乡愁"，能满足人们更高层次的心理和精神需求，获得人们心灵深处的认同，已经成为历史文化名城名镇活化更新的重要形式。其中的历史建筑和街巷空间，承载了城市历史文化，突出了城市特色和可识别性，是场景塑造和文旅IP打造的重要文化资源。

进入21世纪，在城市社区更新中也出现了提升文化内涵的要求和趋势。**社区文化空间**在满足为居民和小规模社区提供公共服务这一基本功能的同时，也有助于提升社区空间品质，塑造良好的社区形象，实现社区房产保值增值，因而受到老旧社区更新项目的青睐。在社区微更新中，完善中小学、邻里文体活动中心等社区文化中心建筑作为公共服务设施的配置，对提高居民文化教育资源的可获得性具有重要作用。同时，引入公共艺术提升社区环境空间品质，塑造微型社区文化空间，也具有美化社区环境、提升社区经济价值、推动社区有机更新与可持续发展的重要价值。

本章的4个小节，将分别介绍城市更新中的城市文化地标、文创产业园区、文旅融合街区和社区文化空间，以及与之相关的理论基础和设计策略。

第一节　城市文化地标

城市文化地标的概念借鉴了"地标"的定义，指构成城市空间特色和可识别性的具有文化主题的重要节点性要素。城市文化地标通常表现为地标性文化建筑，可以是一栋单独的具有文化功能或文化主题的建筑，也可以是具有混合功能的"文化综合体"。地标性文化建筑在城市中地位突出、影响巨大，也常常被称为"文化旗舰项目"或"标志性文化建筑"。若干栋重要的地标性文化建筑集中布局，常常形成城市的"中央文化区"，这也是另一种形式的城市文化地标。在城市更新过程中，加强城市文化地标建设既可以从视觉上美化城市形象，优化城市结构，提升城市声誉，又具有复兴经济和增强社会凝聚力的作用。

1. 城市文化地标的产生

"地标"一词最初来源于英文单词"landmark"，地标的原始功能是为人们提供辨别空间的坐标点。现代英语中，landmark常被译为地标、里程碑、标志性建筑，它包括任何容易辨认的东西，如纪念碑、建筑物或其他构筑物。在现代汉语中，地标的含义可以简单理解为"能够为人们提供空间方位和坐标辨别"的一类地理事物。凯文·林奇在《城市意象》一书中，将地标和道路、边界、区域、节点一起列为"城市意象五要素"，指出地标的特点是往往与周边环境有巨大反差，能脱颖而出令人印象深刻，而且在各个方向和不同距离都很容易被看到，可以帮助确定方位，是构成城市空间特色和可识别性的重要的节点性要素。一般而言，观察者并不需要进入地标，身处外部就能看到地标突显的单独元素。[①]

文化地标（Cultural Landmark）的提法最早见于21世纪初，是从城市地标的概念中引申而来的，在此用以指代具有文化特质、能够代表一个城市整体文化形象的标志物。文化地标应该具有城市地标的典型、突出、代表性特点，能够为人们提供空间方位辨识，同时也具有一定的文化内涵，是一个城市和地区文化精神、文化特色的凝聚与象征，具有文化传播价值。党的二十大报告指出，坚守中华文化立场，提炼展示中华文明的精神标识和文化精髓，加快构建中国话语和中国叙事体系，讲好中国故事、传播好中国声音，展现可信、可爱、可敬的中国形象。在我国城市更新实践中，要用好文化地标，帮助构建和传播良好的国家形象，塑造良好的地区和城市形象。文化地标的塑造还有助于提升市民的自豪感和自信心，吸引创造性的人才参与到一个地区的经济发展中。[②]

城市文化地标常常以文化综合体的形式出现。文化综合体（Cultural Complex）的概念源于城市建筑综合体，指两种或两种以上不同类别的与文化产业相关的功能，通过一定的公共交往空间或交通空间紧密、高效地组织在同一城市建筑实体中，形成的新型文化类公共建筑。在设计实践中，独立的巨型建筑

① 林奇.城市意象[M].万美文，译.北京：华夏出版社，2001.
② 于立，张康生.以文化为导向的英国城市复兴策略[J].国际城市规划，2007（04）：17-20.

或一组联系紧凑的建筑群体是文化综合体的常见形态。古希腊、古罗马时期将图书馆、博物馆、艺术馆及学校安排在同一个建筑群体中的做法，可以看作是文化综合体建筑的最早雏形。20 世纪 50 年代至 60 年代，公共文化场所呈现复合化的趋势，建筑不再以单一的功能模式存在。在文化场所中引入教育与科研机构，甚至引入商业业态等相关配套产业，初步形成了文化综合体的建筑体系。美国在对城市中心进行再开发时，出现多种文化机构叠合，并且杂糅商业、娱乐、教育、研究等设施的文化综合体建筑，以作为城市复兴、旧城更新或新城建设的催化剂。文化综合体承载的是城市的文化生活，依托出版、影视、动漫等文化业态，将电影观演、艺术培训、创意体验、展示交易等活动融为一体，配套各类餐饮、服饰、零售、休闲、娱乐等服务业态。这种新型的功能复合模式在提升建筑使用效率的同时，通过"一站式文化消费"，能有效满足城市居住者对公共文娱设施的需求，有利于建筑的可持续发展。

城市文化地标的另一种常见形式是中央文化区。中央文化区 (Central Culture District) 的概念基于城市功能区的定位，指以完整而独立的规划手段，在相对集中的空间中，建设一批城市公共文化设施，形成具有一定规模的城市公共文化标志区和文化服务的集中供给区。狭义的中央文化区，特指在城市规划和更新设计中，以集聚城市公共文化设施、文化场馆、文化机构为主的城市功能区，是为城市文化服务而提供的特定区域。中央文化区的文化服务设施一般由多个城市文化旗舰项目组成，如博物馆、图书馆、美术馆、音乐厅、市民中心、体育中心等，也包括其他城市级别的公共文化、休闲、娱乐建筑。广义的中央文化区集聚了较多文化机构和文化设施，属于宽泛意义上的非功能性的社区，由大量居住建筑、城市文化休闲广场和公园，以及图书馆、美术馆、博物馆、剧院、音乐厅、体育馆、画廊等大型文化设施组成，可满足城市居住、消费、娱乐、教育等需求。城市更新背景下，中央文化区建设不仅关注物质空间的规模和类型，还鼓励各种主体进入文化空间，打造各类富有活力的公共文化活动。这里的公共文化活动是以满足聚会和自身精神文化生活需求为目的的文化活动，既有文艺演出、文化艺术展览、体育比赛、纪念典礼等大型活动，也有文化讲座、开放性课程、作品交流、阅读、文化集会等形式的小型市民活动。

2. 城市文化地标与城市美化

18、19 世纪，随着工业化的转变与完成，城市开始出现诸多的空间问题，如城市基础设施滞后、交通拥堵、居住条件恶化、卫生条件恶劣、环境污染加剧、开放空间和景观绿地被挤占、生态环境遭到破坏等。工业化驱动的快速城市化，在建设初期还呈现出功利主义的特点。欧洲殖民者在各地殖民城市的土地上建设工业和城市时，大多由地产投机商和律师委托测量工程师对城市进行机械的方格形道路划分。开发者关注在城市地价日益昂贵的情况下获取更多利润，在土地划分时主张缩小街坊面积、增加道路长度，以获得更多可供出租的临街门面。由于标准方格网的规划方式最利于土地的出让与城市的功能组织，从而形成了殖民时期小而密的方格网城市街道格局。

19 世纪末 20 世纪初，以改进城市基础设施和美化城市面貌为目的的"城市美化运动"在芝加哥、华盛顿、克利夫兰等地开展起来。在美学理论方面，城市美化运动认为"美和实用不可分割"，一方面强调大自然对城市生活的重要意义，在城市中建立大型景观公园和林荫大道，将自然引入城市，以达到美化城市环境的目标；另一方面也十分关注改善城市的基础设施建设，并进一步针对城市多方面功能需求进行改进，将城市设计和促进商业、增进日常交往的需求结合起来。

城市美化运动认为方格网结构虽然在一定程度上满足效率要求，但却简单粗暴，毫无美学特征及城市人文精神，从而提出用博览会建筑群、大型公园、景观大道等城市大尺度公共空间，局部取代原有城市结构，以改善城市环境，解决城市更新问题。城市美化运动强调几何对称、古典美学和唯美主义，希望通过创造一种新的物质空间形象和秩序，将城市空间的规整化和景观性设计作为改善城市物质环境和提高社会整体秩序的方式和途径，并希望由此影响居民道德水平，产生城市认同感。

围绕城市公共空间的环境改善而展开的城市公园运动，是城市美化的重要组成部分。公园运动的重要代表人物是景观规划师弗雷德里克·劳·奥姆斯特德。他的美学理论体现了美和实用两个方面：一是艺术必须有社会功用；二是美学和实用是艺术作品的两个组成部分。奥姆斯特德将社会价值加于美学体验，他的美学理论体现在公园运动为城市居民设计的实践过程中。他主张建立大型公园，通过形成开阔的场地空间来舒缓人们的精神，以减少视线狭窄、心理压迫的空间对个体的身体和心灵可能造成的有害影响。同时，他也主张通过公园美学去进行道德教化，用人们对美的向往来净化心灵。在纽约中央公园规划中，他提炼升华了英国早期自然主义理论家的分析以及他们对风景的"田园式""如画般"品质的强调，塑造了自然主义的田园风格；还在起伏变化的风景面上，建设了一条长十公里的景观大道，将博物馆、动物园、剧

院、溜冰场联系在一起，利用各种丰富的功能给中央公园赋予了更广泛的社会性。

以1893年芝加哥世界博览会为代表的城市博览建筑群，成为之后城市美化运动的强大推动力。该届世界博览会主设计师丹尼尔·H.伯纳姆（Daniel H. Burnham）参照19世纪的巴黎，对园区环境和场馆建筑进行了整体的规划。他利用公园内森林、湖泊、运河、盆地的多样地形，规划布局了约150幢宏伟的大厦，有的沿轴线对称排列，也有的随地形有序排列，形成了丰富的空间效果。建筑风格统一，仿欧洲古典主义样式，采用白色粉刷，被后人称作"白城"。白城体现了城市美化在审美主义和实用主义方面的结合，宏伟的建筑、宽阔的林荫道、惬意的文化设施令人愉悦，消防、供水排水、交通等基础设施一应俱全。在当时混乱的美国城市景观背景下，芝加哥博览会是最早将规划、建筑、景观等城市元素进行综合设计，并使之融合在城市空间中的开创性实践，让人们体会到合理规划给城市生活带来的改变。

从整体上看，城市美化运动针对工业化早期枯燥乏味的方格网城市格局，从城市空间结构上进行了调整。萨林加罗斯在《城市结构原理》一书中指出，城市空间结构是历史上小尺度的要素不断增加变化所形成的产物，而通常这种变化是在事先没有规划的情况下发生的；而当城市的发展超过了一定规模，狭窄的街道已经不能满足交通需求，增加新的、大尺度的构造就变得十分重要。因此，有必要消除一些城市结构以便引入更长更宽的街道。从这种城市尺度"增长"的角度看，任何一个城市在其扩张超过某个界限时，都将需要一个更大的空间对原有肌理进行"整合"，以求得在新的功能需求下的空

间合理性①。城市空间结构的整合，在某种程度上是通过城市更新对城市结构的"梳理"，帮助紊乱的城市结构重新建立新的秩序。从积极的一面看，由于城市美化运动，增加的公园提高了周围土地的价值，林荫道系统提供了多种多样的公共娱乐设施，便利的交通系统密切了人们之间的联系。同时，城市美化运动也具有局限性，实施城市美化规划的费用非常高昂，却没有从根本上改善城市布局的性质，对衰败区的问题和社会弱势群体也关注较少。

20 世纪 80 年代以来，全球文化艺术的发展呈现多元综合的趋势，高端艺术逐渐亲民化，城市文化需求不断增加，大规模文化综合体建筑和集群化文化艺术设施的建设成为城市更新关注的重点。同时，文化综合体建筑和中央文化区在土地集约利用、吸引多样人流、营造高品质的社区环境等方面具有综合性优势，通过城市设计还能重塑城市空间结构，解决内城地段城市交通负荷过载和城市景观同质化等问题，也是城市更新行之有效的方法和路径。在城市环境日益复杂的背景下，随着建筑技术的进步，文化建筑可以达到更大尺度的规模和更具互动性的环境影响，在城市更新中具有更宽广的发展前景。

【香港九龙尖沙咀文化区】
20 世纪 80 年代，香港九龙尖沙咀天星码头旁的文化区建设，是通过集聚式的中央文化区重塑城市结构的典型案例。这一地段南面为维多利亚港，北面和东面为商业和酒店区，西侧为公众码头。场地曾是旧九广铁路的总站，保留了建于 1915 年的维多利亚式旧火车总站钟楼。在尖沙咀文化区建设中，城市更新综合考虑了场地东端建于 20 世纪 70 年代

的香港艺术中心（Hong Kong Art Centre）和香港太空馆（Hong Kong Space Museum），将 80 年代中后期建设的文化综合体建筑香港文化中心（Hong Kong Cultural Centre）布局在文化娱乐设施集聚区的西端，文化区内没有高级别的城市道路穿越和切割。在场地上设计了围绕建筑物布置的有顶柱廊，通过行人通道和散步广场把文化中心与周边其他建筑物联系起来。文化中心临海一面的广场将旧火车总站钟楼纳入整体设计，形成中央文化区的开放空间，与维多利亚港的大尺度滨水空间和谐融合（图 1-1）。

尖沙咀文化区的主要建筑香港文化中心于 1989 年建成开放，是以表演艺术及相关功能为核心的文化综合体建筑，也是香港著名的地标性文化建筑。建筑两侧高、中间低的流线型屋脊简约优雅，外观形象具有较强的可识别性。香港文化中心承办各种类型和规模的艺术表演活动，包括音乐会、歌剧、音乐剧、大型舞蹈及戏剧、实验剧等演出，也是举行电影欣赏、会议及展览等活动的综合性场地。建筑内设有音乐厅、大剧院、展览馆、排练场地和礼品店。音乐厅共有 2000 多个座位，设计精巧，设有可调校的回音罩及帘幕，可发挥卓越的音响效果。大剧院共有 1700 多个座位，设有旋转换景系统和电动升降乐队池等先进的舞台设施。音乐厅及大剧院两翼的上层，是用于排练及讲课的排练场地，功能空间与建筑造型相结合。展览馆位于行政大楼 4 楼，专门用于班组活动、茶会、会议等。大堂还设有多个展览场地，供小型艺术展览使用。同时大堂也是售卖文化中心纪念品、各类演艺饰品、乐器乐谱和相关书籍的公共空间，体现了地标性文化建筑对城市生活的开放性。

①　萨林加罗斯. 城市结构原理 [M]. 阳建强，程佳佳，刘凌，等译. 北京：中国建筑工业出版社，2011.

图1-1　香港九龙尖沙咀文化区

【广州珠江新城文化中心区】

1992年开始规划的珠江新城，在广州城市中轴线和珠江新城景观轴的交汇处，规划建设了多个标志性文化建筑，明确了市级文化中心的具体内容为广州大剧院、广东省博物馆、市图书馆和市青少年宫等。中轴线、珠江沿岸及规划指定的建筑形成一个完整的地标性建筑系统，这些建筑必须通过举办设计竞赛才能确定方案，试图用制度保证创造出有艺术特色的城市形象①，同时以花城广场、海心沙市民广场等公共空间串联建筑集群，形成珠江新城文化中心区。

其中，广州大剧院是广州市新建的七大标志性建筑之一，位于珠江北岸临水地段，珠江新城景观轴线以西。中标方案由著名建筑师扎哈·哈迪德设计，总建筑面积7.3万平方米，包括大剧场、多功能剧场及其他配套建筑。广东省博物馆与广州大剧院相对，位于珠江新城景观轴东侧，总建筑面积6.7万平方米，地下一层，地上五层。大面积的绿地

草坡形成博物馆与景观轴之间的开放空间。广州市第二少年宫总建筑面积达4.6万平方米，主要功能包括艺术、科技、成长辅导、国际交流等，圆弧形体量围合入口广场，朝向景观轴。与之相呼应的广州图书馆新馆主体体量相当，西面的入口广场朝向景观轴，南面的入口广场则与广东省博物馆北面主入口广场相接。这四座城市文化公共建筑以景观轴为中心，以公共广场和开放空间相连接，体量均衡，形成了相对完整的文化中心区，成为城市轴线的重要节点（图1-2）。

【香港西九文化区】

香港西九文化区的建设始于20世纪90年代末。其规划采用了福斯特事务所的方案，在滨海基地东部规划带状区域，沿东西向"中央大街"和"海滨长廊"布局。"中央大街"北侧为商业开发和少量小型文化设施，南侧为主要的文化设施。基地西部主要为大型海滨公园、歌剧院、大型表演场地和酒店（图1-3）。西九文化区采取统一

① 袁奇峰. 广州CBD收官：珠江新城20年得失[J]. 北京规划建设，2014（06）：169-173.

图 1-2　珠江新城文化中心区

1	香港故宫文化博物馆	8	艺术家旅社 / 公寓	1	Hong Kong Palace Museum	8	Artist Hostel/ Residence
2	艺术商业展览	9	音乐中心	2	Art Commerce Exhibitions	9	Music Centre
3	艺术公园	10	大剧院	3	Art Park	10	Great Theatre
4	自由空间	11	音乐剧院	4	Freespace	11	Musical Theatre
5	M+ 展亭	12	文化艺术设施	5	M+ Pavilion	12	Arts and Cultural Facilities
6	M+ 博物馆	13	中型剧场	6	M+ Museum	13	Medium Theatre
7	演艺综合剧场	14	戏曲中心	7	Lyric Theatre Complex	14	Xiqu Centre

西九文化区整体规划 / Master plan of West Kowloon Cultural District

图 1-3　香港西九文化区整体规划

图 1-4　苏州诚品书店综合体

的管理模式，专门设置了西九龙文化区管理局进行管理运作，使得集聚区的空间使用、活动开展等能够较好地协调运作，从内部实现资源整合的效果。在规划中也没有穿越性的城市道路，以步行为主的交通处理方式能够使空间连贯，也便于集聚使用。虽然各个文化艺术设施之间的公共空间不大，但由于布局紧凑，整体性更强，尺度也更适宜。

城市引入的大型文化公司或文化产业集团的区域旗舰性文化综合体项目，也能在一定程度上改变城市空间结构，对城市形态变化产生影响。

【苏州诚品书店综合体】

位于苏州工业园区的诚品书店大陆旗舰店项目，就是"书店＋商场＋住宅"的多业态文化综合体，涵盖了文化、购物、餐饮、休闲等多种消费空间。设计师姚仁喜将苏州诚品的设计定位为"一座人文阅读、创意探索的美学生活博物馆"[1]。综合体建筑由两栋100米高的"诚品居所"塔楼及其配套的商业裙楼组成（图1-4）。裙楼部分延续基地外形，以等腰三角对称布局，商业设施临街、临湖展开，三个商业主入口分设各端。裙楼临湖一侧以主题餐饮设施为主，层层叠退，形成坐拥自然风景的室外休闲平台，沿湖设有下沉广场，增加湖景亲水环境。沿街商业裙楼一、

---

① 姚仁喜，古城新意：苏州诚品书店 [J]. 中国建筑装饰装修，2017（03）：90-97.

二层为精品商店。书店部分沿中庭室内大楼梯拾级而上，至三楼阳光中庭，进入诚品主题书店。书店层结合艺术与创意品位，配有人文报告厅、艺廊及多功能厅，并有垂直交通可连接地上商业设施及综合体的地下商业层。双塔部分的居住空间面向湖景延展，改变了城市天际线和视觉通廊，形成了新的城市尺度和空间结构。

3. 城市文化地标与城市营销

城市间资源争夺日趋激烈的环境促进了市场营销学的发展，也影响了不同时期城市的发展方向。城市营销的早期阶段是城市推广（promotion），通过宣传城市形象、提供优惠政策等方式，吸引资本流入城市以发展产业，并招揽游客和鼓励移民，以促进城市的文化产业、旅游业和房地产业发展。进入城市推销（selling）阶段，城市更新和工业城市转型成为主要目标，城市营销开始与城市规划结合。[1] 20 世纪 80 年代至今，城市营销学理论不断完善，并逐渐深入城市管理、城市规划和建筑策划等各个层面的城市建设过程中。

在城市更新阶段，城市营销的发展与文化导向的城市复兴思潮有密切联系。自 20 世纪 80 年代开始，为了复兴衰退的工业区，许多西方城市制定了一系列由文化带动的城市更新策略，如英国的文化区政策和在欧洲兴起的"旗舰文化开发"策略。这一时期，城市营销作为一种宣传城市形象、推广城市文化的有效手段参与到城市更新进程中。英国的格拉斯哥、德国的鲁尔工业区等都成功地通过文化策略，从衰退的工业地区转型为欧洲文化之都。

城市营销学背景下，研究者将城市形象所具有的历史文化意义看作"城市文化资本"[2]。所谓城市形象一般是指城市给予人们的综合印象与整体文化感受，是历史与文化的凝聚所构成的符号性说明，是城市各种要素整合后的一种文化特质，是城市传统、现存物质与现代文明的总和特征。城市形象是城市景观形态的客观的、集中的表述，而当这种形象被社会的大多数人接受时，城市形象便具有了整体的历史文化意义，并构成一种社会文化符号，而这种文化符号，实际上是一个城市的城市文化资本。

城市文化资本的运作是创造城市的"注意力文化"和"注意力经济"的过程。一旦某个城市形成唯一性城市形象体系，也就具有某种意义上的垄断性的文化资源，也必定会产生出典型的"城市文化资本"价值。整合城市历史文化资源，创造新的时代文化特质，就是创造城市的文化个性。严格意义上说，城市形象与艺术价值的创造紧密相连，城市的文化规划应在确立城市形象之前明确城市的文化属性，在此基础上进行科学的城市定位，形成城市的差异化体系。

城市形象可以直接成为城市的文化资本。城市形象系统既有一般事物形象系统要素的结构性，又有城市形象系统的特殊性。结构性总体表现为范围广、结构复杂、整体庞大，其分支系统既有显性系统又有隐性系统，因此城市形象系统具有极大的可挖掘性。城市形象推广的实质是城市系统的结构性分化与新的结构意义生成的过程。城市形象体系的整体结构与城市社会的发展是有机联系的。

---

① 科特勒，等. 地方营销 [M]. 翁瑾，张惠俊，译. 上海：上海财经大学出版社，2008.
② 张鸿雁. 城市文化资本论 [M]. 2 版. 南京：东南大学出版社，2010.

城市形象系统结构具有"转换性"，可以直接转化为经济结构要素、政治结构要素和"城市文化资本"价值。一旦形成一种具有"城市文化资本"属性的结构关系，就自然形成了"城市文化生产场"，最终直接产生文化资本效应。

日本学者提出了城市形象感知系统和感知要素的20项城市形象主题，认为它们最容易形成"共同感知"，是大多数人思维定式中希望获得的城市感知要素，如可眺望城市的制高点、可散步的通道、有特色的标志物、与城市相关的历史文物、城市水域与水景、城市社区小品、城市中心与街心公园、有特点的路标及街景、艺术品、商业街、立面、广场、街角、照明、林荫道和广告等。这些形象主题要素比较具体，易于掌握并加以运用，具有较高的参考价值。

随着精神文化消费的转变，文化要素以商品与符号的形式融入城市空间生产，并持续对城市发展模式产生影响，文化要素开始成为城市发展的新驱动力。城市更新中，建筑物的存在不仅是城市空间和肌理的构成要素，还应是城市形象的重要组成部分，是城市文化资本构建和运营的基础。

【巴黎拉·维莱特公园】

20世纪80年代建设的位于巴黎的拉·维莱特公园（Parc de la Villette）成功打造了文化地标，成为了巴黎城市形象的重要组成部分。拉·维莱特公园位于巴黎东北角远离城市中心区的边缘地带，是在19世纪牲畜屠宰场及批发市场基地上进行的城市更新项目。拉·维莱特公园的目标不是强调一般公园的自然风景，而是要

体现社会功能和文化价值，成为"一个能够提供文化服务的城市场所"，成为巴黎未来经济和文化发展的核心，并被列入纪念法国大革命200周年的巴黎九大"总统工程"之一。为此，1982—1983年举办了国际设计竞赛，来自70多个国家的参赛者提出了470多个方案，最后评委会选中了建筑师伯纳德·屈米的方案。

屈米意识到现代城市的快速变化使得公园及其周边的土地同时处于变动中，城市的扩展可能会侵占公园或改变公园周边的环境，而对公园产生不利影响。他提出一种弹性的"点-网"系统来解决这个问题，这种均匀分布的网格状点阵组成了一种无中心、可更改和可蔓延的城市结构，为日益破碎化的城市景观提供了一种新的缝合策略[①]（图1-5）。

屈米设计的拉·维莱特公园创造性地提出了一种在空间上以建筑物为骨架、以人工化的景观要素为辅助、自然景观与建筑相互穿插的景观式建筑设计方案。该方案完全融合在城市之中，公园里有城市建筑，城市的功能和内容紧密地融入了公园。他通过点、线、面叠加的方式创造出意想不到的戏剧冲突，并试图在这种冲突中创造意外的空间效果，为游客提供出乎意料的体验。这个方案把公园构思为大都会投资事业，以现代的"拆散"和"分离"现象作为构思依据，运用"重叠""并合""电影景观"等手法体现新的城市设计策略，独辟蹊径创造了"世界上最庞大的间断建筑"。120m×120m的方格网的交点中放置了26个红塔（Folie），有些作为景观要素存在，有些则作为信息中心、餐饮中心、咖啡吧、医务室等，满足在公园内建造露天剧场、音乐活动中心、科技活动中心、

---

① TSCHUMI B, MERLINI L, VILLEGAS A, et al. 拉·维莱特公园 [J]. 城市环境设计, 2016 (01)：54-65.

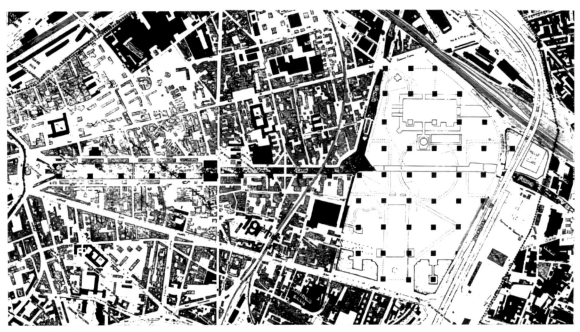

图1-5　拉·维莱特公园规划方案

展厅、游览中心、餐馆、健身俱乐部等丰富的文娱设施的要求（图1-6）。

【香港 M+ 艺术博物馆】

被称为亚洲首家全球性当代视觉艺术旗舰性项目的M+ 艺术博物馆，是近年来备受关注的文化新地标。M+ 博物馆位于填海而成的香港西九文化区，致力于收藏、展示及诠释20世纪至今的视觉艺术设计、建筑、流动影像和香港的流行文化。它以香港中西荟萃的文化特色为基础，成为推动中外文化艺术交流的桥梁。由 Herzog & de Meuron 设计的M+艺术博物馆，有一面面向维多利亚港的巨型LED 荧幕墙，滚动展出艺术家的作品，在西九文化区海滨长廊和维港对岸的港岛都可以观赏到，成为维多利亚港天际线的一部分[1]（图1-7）。从远处可见的、艺术所传递的信息颠覆了传统博物馆，使M+ 博物馆成为一个持续更新变化的场所。其内部"通用空间"开放而透明，以不同方式将展出内容的复杂性与空间联结起来，外部又不间断地向城市传达信息，因而成为香港与众不同、独一无二的大都会城市形象的组成部分。

4. 城市文化地标与城市触媒

20 世纪90 年代初，在美国城市中心"枯萎"、联邦政府主导的城市复兴计划失败、大型项目建设时代的狂热逐渐消退的背景下，出现了城市触媒理论。美国建筑师韦恩·奥图和唐·洛干在《美国都市建筑：城市设计的触媒》[2] 一书中提出了"城市触媒"的概念，用以描述一个具有关键意义的独立节点性建筑项目对后续城市设计所带来的正面影响，以及最终形成的城市地段。这一概念的提出，旨在鼓舞设计师、规划师及决策者去考虑个别开发项目在城市地段形成与发展中所具有的连锁反应潜力，也提倡以设计管理作为城市设计触媒策略的一部分。

① 张维宸，王梦雪 . M+ 博物馆 中国 香港 [J] . 建筑创作，2022 (03)：18-65.
② ATTOE W, LOGAN D. American Urban Architecture:Catalysts in the Design of Cities[M]. Berkeley , CA: University of California Press, 1992.

图1-6　拉·维莱特公园的城市景观

图1-7　香港 M+ 艺术博物馆

触媒（catalyst）又名催化剂，本意是指"化学反应中的一种物质，以相较反应物而言微小的剂量施用，即可改变、加快化学反应速率，而其自身在反应过程中不发生改变，不被消耗"，后又被引申为"加速或启动一个行动／改变的进度的人或事件"。引进新元素（即触媒）可以改变周围的元素，也可以提升现存元素的价值或进行有利的转换，而不会损害其环境内涵。

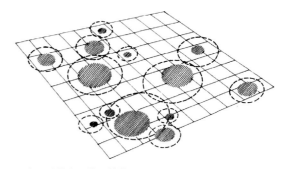

▥ 表示触媒发生作用的范围
◠ 表示触媒作用缓和的范围

图 1-8　触媒作用过程图示

建筑同样具有触媒的性质。在城市发展中引入"触媒"概念，通常指那些能对后续建设活动带来正面影响、含义宽泛的"城市开发活动"，它可以是"一间旅馆、一座购物中心或一个交通中心；也可能是博物馆、影剧院或经过设计的开放空间；或者是小规模的特色场景，如一座柱廊或一个喷泉"；甚至可以是"一份报告或一套设计导则"，项目类型可跨建筑、景观等多个领域，只要"这触媒不是单一的最终产品，而是一个可以刺激与引导后续开发的元素"。它不仅可以带来新建筑和新街道的资金持续注入，建筑物本身也可以保证城市更新的高质量。触媒作用意味着引入一个新元素来改变其他元素。在作用的过程中，触媒有时本身维持不变，有时也自做修正。图 1-8 反映了引进触媒导致区域中现存元素发生改变的反应，说明以一栋建筑物来影响其他建筑物进而引导城市设计的潜力是巨大的。这种影响可能是经济性（投资引来投资）的反应，也可能是社会、法律、政治方面的反应，或是物质空间的反应。与传统分期建设对建设成果的终极目标和具体的建设时序有明确预期不同，城市触媒策略指导下的城市更新是一个逐渐触发的过程，"没有终极的理想"，取而代之的是

"一系列有限但可及的理想"，并在逐步实施的过程中，根据具体情况不断修正、引导，逐步改变现实。[①]

在城市更新的重要空间节点引入地标性文化建筑，可产生触媒效应，能带动综合性的城市设计，对后续城市空间的变化带来广泛的影响。成功引发触媒效应的地标性文化建筑，需给环境带来变化，通常与城市更新地段既有的空间肌理和建筑风格有较大反差，或具有强烈的视觉冲突和戏剧效果。同时，想要扩大触媒效应的作用范围，延长其作用的时间，作为触媒的地标性建筑也不能单纯追求短期的轰动效应，而要符合城市的文化积淀，以文化内涵增加建筑的持久吸引力，并对场地环境和城市开放空间进行优化提升，营造新的场所感和城市认同感。毕尔巴鄂古根海姆博物馆是城市触媒效应的经典案例。

【毕尔巴鄂古根海姆博物馆】
毕尔巴鄂是西班牙北部重要的经济和文化中心，比斯开省（Bizkaia）的首府，长期以来其主导产业是钢铁和造船工业以及商贸和港口物流。得益于便利的航运和铁路交通，19 世纪毕尔巴鄂成为仅次于巴塞罗那的第二大

---

① 陈蔚镇，刘荃 . 作为城市触媒的景观 [J] . 建筑学报，2016（12）：88-93.

工业中心，采矿、钢铁等行业占据了城市的主要空间。20世纪60年代至70年代，随着制造业的危机，这个工业城市陷入了经济衰退，遭遇了高失业率、环境恶化、城市发展停滞以及人口外流等问题。20世纪80年代，严重的经济和就业危机迫使毕尔巴鄂必须寻找城市更新和经济发展的新方向。当地政府和商业集团制定了具有前瞻性的、以文化发展为核心、突出文化投资导向的城市复兴策略，并制定了把毕尔巴鄂打造成一个后工业时期的服务、金融和旅游中心的战略目标。复兴战略计划将内尔维翁河两岸列为重点区域，希望最大限度地利用河岸打造高质量城市区域（图1-9），因此非常重视城市滨水区的关键性公共建筑项目——古根海姆博物馆（Guggenheim Museum Bilbao，GMB），通过举办国际建筑竞赛，吸引国际知名建筑师参与城市建设。

作为触媒的毕尔巴鄂古根海姆博物馆，位于内尔维翁河口滨水的城市边缘区，南面朝向老城区，北面临水，并朝向新城区。最终中标的方案由建筑师弗兰克·盖里设计，于1997年建成开馆。在面向新城区的一面，建筑选择了夸张的曲线造型方式，并结合钛金属皮以及一些钢材和玻璃对外墙进行包裹，科技感十足，被《时代》周刊称为"现代巴洛克明珠"（图1-10）。建筑以令人惊叹、富有想象力的动感造型吸引了大众的目光，专程去毕尔巴鄂参观古根海姆博物馆的游客络绎不绝，给当地政府带来大量税收，在收回高建设成本后仍有盈余。凭借古根海姆博物馆带动的文化旅游产业，毕尔巴鄂摆脱了经济衰退的影响，实现了产业转型和城市更新。

毕尔巴鄂古根海姆博物馆的巨大成功，使其成为城市触媒激活城市更新的经典案例。许多城市的大型文化建筑在申请立项或政府建设拨款时纷纷以此为愿景目标。以旧金山现

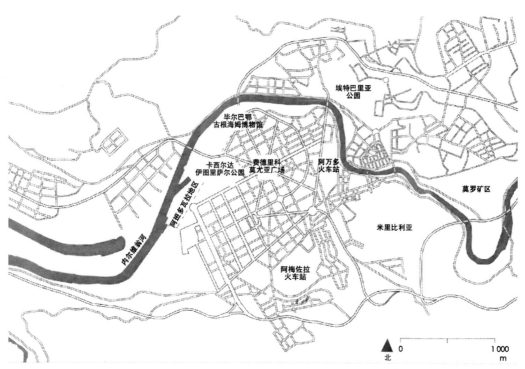

图1-9 毕尔巴鄂水岸平面图

图1-10　毕尔巴鄂城市更新中的古根海姆博物馆

代美术馆（SFMOMA）、芝加哥艺术馆的"现代之翼"（The Modern Wing）、密尔沃基艺术博物馆（MAM）、丹佛艺术博物馆新楼（DAM）为代表，一批博物馆作为城市设计中的旗舰文化项目，也被认为起到了城市触媒的作用。[①]

【长沙梅溪湖国际文化艺术中心】
同样希望利用触媒效应带动城市更新的案例是长沙梅溪湖国际新城开发，其地标性文化建筑梅溪湖国际文化艺术中心被寄予厚望。梅溪湖国际新城位于长沙西部，是长沙近郊的大河西区域从单一功能的城乡接合部向复合功能的高新产业区转型的先导区，也是长株潭城市群北部重点发展地区。在2009年的总体规划中，梅溪湖国际新城被定位为国际服务功能区，并计划建设梅溪湖国际文化艺术中心等文化建筑项目。由建筑师扎哈·哈迪德设计的梅溪湖国际文化艺术中心用异形曲面的构成主义手法塑造了"芙蓉花"建筑意象，连续的曲线表皮覆盖了大剧院不同的功能空间（图1-11），以场地周边的人行流线为设计参照，建筑以有机的方式与附近的社区连接在一起[②]。2013年建成后，其独特的建筑形象在网络上吸引了大量关注，长尾效应带动了城市旅游，也加速了梅溪湖新城商业地产和配套基础设施建设。

---

① GRODACH C. Museums as Urban Catalysts:The Role of Urban Design in Flagship Cultural Development[J]. Journal of Urban Design, 2008, 13 (2): 195-212.

② 哈迪德，舒马赫. 长沙梅溪湖国际文化艺术中心 [J]. 世界建筑导报, 2021, 36 (01): 117-122.

图 1-11　梅溪湖国际文化艺术中心

第二节　文创产业园区

随着文化经济时代的到来，现代资本运作模式和现代工业生产方式向文化领域逐渐渗透，出现了类似于现代大工业生产过程的文化生产。20 世纪 80 年代初，欧洲文化合作委员会首次组织专门会议，召集学者、企业家、政府官员共同探讨文化产业（Cultural Industry）的涵义、政治与经济背景，及其对社会与公众的影响等问题，从此文化产业作为一个专用名词正式成为一种具有广泛意义的经济类型。

目前，国际社会对文化产业的分类并没有统一的标准，一般而言包括文化内容的创造性活动，如广告业、广播电视活动、戏剧艺术、音乐和其他艺术活动等；文化产品的制造业，如摄影器材的制造、乐器的制造等；文化产品的发行零售和服务业，如电影放映、印刷业等；以及文化产业和其他产业相混合产生的交叉型产业等。[①] 其中，文化创意与其他产业结合形成的新兴交叉产业，也常被称为文化创意产业（Creative Industry），简称文创产业，在传统制造业的转型升级和更新迭代中起到巨大的推动和引领作用，受到越来越多的关注。由于文化产业具有产业集群的特点，各地相继建设的文化产业园区，包括各类文化创意产业区，成为文化产业蓬勃发展的空间载体。

党的二十大报告提出，健全现代文化产业体系和市场体系，实施重大文化产业项目带动战略。文化产业园区的发展不仅支撑规模庞大的文化产业链，带来可观的经济效益，而且推动工业化时期发展起来的城市向后工业时代转型，已经成为城市空间转型的重要内容之一。

1. 文创产业园区的产生

文化产业园区与创意产业的发展紧密关联。创意产业的概念最早源于 1998 年英国出台的《英国创意产业路径文件》。布莱尔政府在该文件中首次提出"创意产业"的概念，指出在全球经济一体化的时代，应大力发展创意产业以提升城市竞争力。文件将创意产业定义为："从个人的创造力、技能和天分中获取发展动力并通过对知识产权的开发，创造潜在财富和就业机会，以促进整体生活环境提升的产业。"此后，创意产业和创意经济逐步受到各国重视并得到大力发展。21 世纪的创意产业已经成为许多后工业城市发展的主导行业。

创意产业通常包括软件开发、出版、广告、电影、电视、广播、设计、视觉艺术、工艺制造、博物馆、音乐、流行行业以及表演艺术等十三项产业。创意产业是艺术、文化与科技的结合，具有以下鲜明的行业特征。①产品具有高附加值：创意产业的生成要素是知识、信息和文化，其产品是凝聚了科技和文化的高附加值产品。②从业者是知识型劳动者：创意产业从业者具有较高的艺术品位和学历水平，能够运用信息、网络等高技术手段将艺术、文化与技术有机结合，创造高附加值的文化产品。③呈现产业集群效应：产业集群能够实现人才、技术、信息等要素的共享，创意产业集群多以中小企业为主，充满活力、竞争力强。

---

① 杨春风 . 城市文化镜像：从"文化工业"到"文化规划"[J]. 社会科学家，2012（08）：150-153.

创意产业集群的发展推动了城市各类文化创意产业园区的建设。"产业集群"这一概念最初由迈克尔·波特（Michael·E. Porter）在 1990 年出版的《国家竞争优势》中提出。他认为产业集群是在某特定领域内，由地理位置集中且相互联系的供应商、产业和专门化的制度和协会组成的集合，还可包括政府、大学、工业或者产业标准制定机构、职业培训机构和智囊团。产业集群有助于相互竞争的企业提高竞争力，对特定产业的发展和国家竞争力的增强具有重要作用。可见，空间接近性能为产业集群发展带来显著优势。

同时，产业集群的空间聚集存在着对多样性的依赖。20 世纪 60 年代，雅各布斯认识到多样性的消失会给大城市带来毁灭性的后果，指出城市不同用途之间的互相混合不会陷入混乱，相反代表了一种高度发展的复杂秩序，并认为建筑及其他用途之间的融合是大城市保持丰富多样性不可或缺的条件之一，是城市地区获得成功的必要条件。20 世纪 70 年代，美国城市土地学会在《土地的混合使用与发展》中提出"混合开发"的概念，主张将城市环境与建筑空间有机协同，实现整体化开发。整体开发涉及产业发展、设施配套和城市建设等综合性内容，既可以是对老旧城区进行改造升级，也可以对城市边缘地带进行合理规划。在国内外许多大中城市，建设文化产业园区已经成为城市更新的重要方式，通过文化产业带动片区整体开发，城市可以更好地适应市场需求和发展需要，提高城市的整体竞争力。系统多样性理论认为系统越多样化，越趋于稳定和有抵抗力。产业集群作为复杂系统，也需要一定的多样性。因此文化创意产业园也强调混合功能的整体开发，并

认为邻近商业环境在塑造集群演化动力和竞争力方面具有不可忽视的作用①。

在产业集群和多样性理论的基础上，文化创意产业的发展出现了空间集聚的趋势。文创产业园区是文化创意产业集群聚集的主要空间形式，通常由一群在地理位置上邻近且具有关联性的企业和配套服务设施组成，通常包括办公、展览、学校、配套商业等基本功能。创意产业区的企业既可以是产业链同一环节上具有互补性的企业，也可以是产业链的上下游企业，彼此以共通性和互补性相连接，非常重视沟通和交流。而一些综合性的创意产业区，通常还包括一些文化消费的功能——以创意产品、酒吧、艺术咖啡吧等作为主要的经营业态。这些综合性的创意产业区能够吸引大量的游客，带动旅游业发展，成为城市的中心。

2. 文创产业园区与工业遗产更新

工业遗产转型是文创产业园区常见的存量空间来源。工业遗产一般是指从近现代工业建设开始后，各个不同阶段遗留下来的包括工业厂房、劳作器械、生产作坊和仓库等在内的工业建筑和工业活动场所。关于工业遗产的内涵，国际工业遗产保护委员会在 2003 年通过的《下塔吉尔宪章》和我国 2006 年召开的中国工业遗产保护论坛上通过的《无锡建议》中，均有较为科学的界定，得到业界广泛认可。其中《下塔吉尔宪章》的定义为，工业遗产是由工业生产和工业文化遗留下来的产物构成的；这些由工业生产和工业文化遗留下来的产物，是拥有诸如"历史的""技术的""社会的""建筑的"以及"科学上的"价值的②。

在相当长的一段时间里，由于工业建筑体量

① PORTER M. Clusters and the new economics of competition[J]. Harvard Business Review, 1998, 76: 77-90.
② 俞孔坚，方琬丽. 中国工业遗产初探 [J]. 建筑学报，2006（08）：12-15.

庞大，对审美要求不高，人们将其视为对城市景观的破坏。随着后工业社会的转型，城市中心区的大量工业建筑被废弃或闲置，成为城市更新中需要考虑的工业遗产。工业遗产是工业文明的表征，一些重要的工业遗产建筑记录着时代的印记，承载着产业工人的集体记忆，具有极大的历史保留价值。同时，由于工业建筑室内空间开敞，功能限制性小，具有很强的改造潜力。在党的二十大报告中提出的"实施全面节约战略，推进各类资源节约集约利用"的背景下，近年来工业建筑的价值逐渐被关注，很多城市开始着手从工业遗产的角度对工业建筑进行改造和再利用，使其重获新生，成为城市新的景观，承载新的功能和生活内容。工业遗产转型通过保护保留工业遗产并对其进行改造再利用，对其进行调整使其容纳新的功能，为其找到适当的用途。

工业遗产的转型再利用首先涉及工业遗产的价值评价。价值评价是工业遗产转型再利用的基础。无论是作为一种具有遗产价值的文化遗产，还是作为一种具有使用价值的建筑资源，工业遗产保护和再利用的前提都是其自身所具有的价值。最早关于工业遗产价值的评价主要见于国际宪章等纲领性文件和各国保护工业遗产的价值评价体系。联合国教科文组织颁布的《保护世界文化和自然遗产公约》和国际工业遗产保护委员会颁布的《下塔吉尔宪章》指出，工业遗产具有固有的内在价值（intrinsic value），将工业遗产的价值内涵主要集中在历史价值、科技价值、美学价值、社会价值等内在价值方面。同时，在城市更新中，工业遗产作为一种建筑资源所具有的再利用价值也越来越受到关注，如

结构可用性、空间可用性、景观利用、区位优势等。近年来，随着文旅产业的快速发展，工业遗产的科普价值、景观价值、旅游价值也成为研究关注的焦点。

优秀的工业建筑也具有审美价值。从事工业建筑设计的建筑师，在生产需求的限定因素和复杂的社会结构诉求中，通过不懈的努力，触及了建筑的本质，找到了解决问题的途径，从而创作出反映工业建筑基本特质、满足机器生产和人使用需求的、具有工业美学意义的工业性建筑。[1] 18世纪工业革命以来，工业建筑作为一种新的建筑类型进入建筑行业，以追求生产为核心、功能至上为原则的设计理念推动了建筑技术与审美的发展。19世纪下半叶，艺术家开始发现工业建筑中蕴含的美，印象派画家莫奈观察到火车与车站等蒸汽时代工业产物的特殊性，创作了一系列以此为内容的绘画作品。为满足机器生产需要，工业建筑设计对空间、采光、通风的需求尤为重视，新技术、新材料的应用成为工业建筑的重要特征，如玻璃窗、钢结构、锯齿形天窗、折板屋面、壳体结构等。工业建筑通过结构构件的组合形成具有形式感的建筑模数，呈现出独特的数理逻辑思维模式，这种思维模式正是机械时代所强调的秩序感与精确性。[2]

20世纪初，工业建筑的先锋性和实验性对现代建筑的发展有着重要的意义。[3]工业革命孕育了现代工业建筑，工业建筑成为现代建筑新思想的实验室。一批早期现代主义建筑师将工业建筑所具有的"机器美学"引入广泛的建筑领域，形成"现代主义建筑"的美学风格。"德意志制造联盟"在一家德国工厂的

① 董霄龙. 基于工业美学的建构 [J]. 世界建筑，2020（09）：36-41+132.
② 贾超，郑力鹏. 工业建筑遗产的美学内涵探析 [J]. 工业建筑，2017，47（08）：1-6.
③ 同①.

透平机车间设计中，以几何形的组合方式、真实的建筑材料、简洁的造型和结构的秩序美，设计了具有工业美感的新型工厂，这个工厂被称为第一座真正的"现代建筑"。苏联"未来派"建筑师将工业元素作为未来建筑的象征，使工业建筑成为现代化建筑新思想的实验室。

20世纪70年代至80年代，晚期现代主义的"粗野主义"风格，不加掩饰地把混凝土结构暴露在外，以功能与结构为重，而不拘泥于材质与细节。把粗野风格当作一种设计潮流，把工业建筑中常见的与混凝土的性能及质感有关的沉重、毛糙、粗犷的特性作为建筑美的标准，是工业美学在晚期现代主义中的表现。

进入21世纪以来，人们对过于精致的建筑风格的审美疲劳导致粗野主义再度复兴，粗野主义重新受到关注，成为网络时代广为传播的一种建筑风格。

3. 整体转型开发

在城市从工业化向后工业时代转型的过程中，城市中心区出现大量闲置甚至废弃的工厂片区。工业遗产的功能调整，主要研究为其赋予新用途，延长寿命，在建筑全生命周期中最大限度地发挥资源利用价值，如开发为旅游、办公、住宅、学校、博物馆等项目；研究实现功能调整的模式，包括修复、改建、扩建等。也有研究从产业角度总结了旅游经济、会展经济、艺术创意经济、城市文化重塑等工业遗产价值实现的产业化运营模式，以及政府部门和民间力量在发掘建筑遗产经济价值方面的角色和参与方式。

工业遗产因其低廉的租金、宽敞的空间及具

有时代特征的建筑风貌，成为艺术家青睐的工作聚集场所。片区整体转型通常由改造废弃工业厂房开始，吸引与文化产业相关的创作、交流、研发、展示、销售等活动，带动产业链上下游的相关企业机构入驻，形成稳定的人流，进而集聚游客和文艺爱好者，刺激餐饮、服务业等第三产业发展，形成文化产业区。文化产业园区是文化和创意产业从业者和艺术家工作聚集的场所，是以文化生产和文化创意为背景形成的较大规模的园区。城市更新背景下，工业遗产转型开发是文化产业园区的重要来源，通过"退二进三"的经济转型，能有效带动周边地区的城市房地产业走上良性发展的轨道。

【谢菲尔德文化产业区】

英国谢菲尔德市的文化产业区，是工业遗产区实现整体转型的典型案例。曾以"钢铁城市"著称的谢菲尔德市，在20世纪中期后面临钢铁业衰落导致的高失业率和经济衰退的问题。20世纪70年代晚期，市内出现了一批先锋乐队，这些乐队将弃置的厂房作为创作基地，为社区注入了新的经济活力。谢菲尔德市政府发现了其中蕴含的文化产业的发展机遇，积极推动工业衰败区向文化产业区转型，尤其是近30年来采取以文化产业为主、文化消费带动多业态融合的整体开发策略，使谢菲尔德实现了城市经济向后工业转型，成为世界知名的创意产业城市。

20世纪80年代早期，针对劳动人口失业率高达50%的严峻经济形势，谢菲尔德市政府成立就业与经济发展部门，制定用于提升和培育城市文化产业和媒体产业的计划，尝试将文化复兴纳入城市更新的战略规划中。1986年，在就业与经济发展部门的领导下，政府正式将谢菲尔德城市中心区边缘一个占地 30 公顷的衰败工业区划为城市文化产业区的发展用地，位列谢菲尔德市中心 11 个分区之一，命名为文化产业区（Cultural Industries Quarter）（图 1-12）。

在文化产业区发展初期，为支持园区内音乐产业的发展，谢菲尔德市政府制定了建设重点文化扶持设施的发展项目，为文化创意从业人员提供音乐制作（电影制作）所需的相关设施，如排练场地、录音设备、演出场所等。Red Tape 工作室是政府设立的第一家重点文化设施，由旧工业建筑改造而成，为规模较小的音乐公司和文化团体提供价格低廉的排练场与录音设备。因其音乐设施价格低廉、使用便利，成为园区吸引音乐制作人和机构入驻的重要因素。Red Tape 效应启发了就业与经济发展部门，在园区后续运营中，他们继续建设了多项重点文化设施，如 Showroom 电影院、Workstation 工作室等，吸引相关产业的中小型企业进驻。

20 世纪 90 年代中期，谢菲尔德文化产业区的复兴速度明显加快，逐渐成为英国著名的文化创意产业中心。但园区发展也面临着一些制约因素，如产业形式过于单一，公共空间质量较差，配套服务设施发展不足等问题。就业与经济发展部门意识到，创意产业区不同于一般的办公区，不仅在城市经济发展中扮演重要的角色，还在提高城市文化影响力、发展城市旅游业、提升国际竞争力等方面发挥着重要的作用。1992 年，谢菲尔德城市委员会对文化产业区进行了重新评估，并发布了名为《迈向 1990 年代谢菲尔德的文化规划》的报告。报告指出文化产业区需要一个更为宏观、整体的规划设计，发展园区内的文化消费产业，并创造充满活力的外部环境，营造一个 24 小时充满活力的区域。

1998 年谢菲尔德市议会公布了《谢菲尔德文化产业园区的使命与发展战略》和《谢菲尔德文化产业园区行动指南》，强调对闲置楼房（特别是临街店面）的开发要注意发展复合用途，包括小型商店、零售业、咖啡馆、酒吧和餐馆等生活设施。在这一政策的支持下，私人部门的投资开始深度介入文化产业区，酒吧、餐馆和学生公寓方面的投资大为增加。2000 年以来，文化产业区进入混合功能整体开发的快速发展阶段。市政府成立了文化产业区办事处（Cultural Industries Quarter Agency），负责制定和实施推动文化产业区发展的相关政策，发展重点不仅局限于文化产业方面，而是强调互联网、软件、新媒体等高科技产业的发展。2004 年办事处公布"五年行动纲领"，提出新时期的发展重点是吸引创新型科技企业的进入，包括软件开发、微电影制作、互联网企业等，还提出了将谢菲尔德文化产业区打造为"一个包括大量中小型文化创意企业的文化创意产品生产基地、

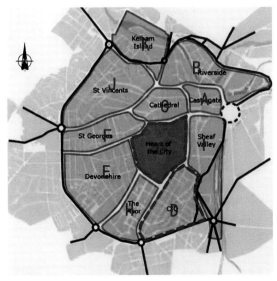

A 城堡之门、B 河滨区、C 主教堂区、D 文化产业区、E 德文郡区、F 圣乔治区、G 城市心脏区、H 摩尔人区、I 工谢弗山谷、J 圣文森特区、K 科尔哈姆岛

图 1-12　英国谢菲尔德市区划图

知识创造中心和英国游客的旅游目的地"的整体发展定位。2014年《文化产业区区域行动规划》（*Area Action Plan for the Cultural Industry Quarter*）制定了整体开发原则，将文化产业区分为中心区、文化及商业中心、绿道走廊、居住中心、工业边缘地区以及混合用地区域等六大功能区，并对片区进行了建筑风格与材料、建筑形式与高度的整体控制。[①]

从谢菲尔德文化产业区的发展经历可以看出，城市更新中规模较大的工业遗产片区整体完成向文化产业区的转型，离不开政府的长远规划和政策扶持，还要注意在不同的发展阶段，采取不同的发展策略。20世纪80年代至90年代的策略重点在于发展文化产业，通过扶持重点文化项目，吸引文化企业集聚，扩大产业集群规模，解决就业和经济发展的迫切问题。20世纪90年代末以来更强调文化生产带动文化消费，以产业与功能混合发展的整体规划，充分发挥中心区的辐射功能，带动外围区域整体的经济发展和环境品质提升。

进入21世纪以来，我国的文化创意产业迅速发展，北京798、上海红坊等由工业遗产转型的文化产业园区也逐步发展起来。尤其是在由传统制造业"退二进三"的存量物业调整中，我国大型国企主动盘活公司存量土地和房产资源，做出了城市更新的积极探索。

上海纺织集团对部分遗留的厂房及工业用地资源进行改造，已形成了一定规模的时尚产业园并对外出租经营，拓展了一条以时尚品牌、创意园区为载体，时尚活动为平台的时尚产业与现代纺织业紧密结合的发展之路。上海纺织集团在上海积累了大量土地及房屋

资源，占地面积合计约460万平方米。近年来已建成投入运营时尚产业集群和城市时尚生活综合体验区，形成了M50、尚街Loft、上海国际时尚中心、水街壹号时尚文创品牌、双创（创新创业）空间、五维婚庆等服务平台和上海纺织博物馆，覆盖管理13个时尚园区/物业，总建筑面积近70万平方米，不仅为留存资产找到了巨大发展空间，同时也为保护和传承上海工业文化遗产探索出了一条创新之路。2010年开园的上海国际时尚中心，是典型的产业转型、经济增长方式转变、纺织走"科技与时尚"的高端发展之路的代表作。

【上海国际时尚中心】

上海国际时尚中心在原上海第十七棉纺织总厂旧址上更新而成。旧址始建于1921年，是日商开办的纺纱工厂。上海第十七棉纺织总厂曾经是中国纺织行业的龙头企业，记录了上海纺织乃至中国纺织业的发展和变迁，是历史留下的不可多得的宝贵财富。更新后的上海国际时尚中心汇集了六大功能板块，巧妙融合百年历史建筑的文化底蕴和黄浦江岸线的自然资源，将亲水休闲与时尚体验相结合，成为游客休闲娱乐、时尚体验、购物度假等多种时尚特色游览胜地。原十七棉总厂厂部办公楼被保留改造为时尚中心的一号楼，提供会议、会客、酒吧、水吧等功能。机动车间、医务室和食堂被改造为可容纳近千名观众的设施完备、配套齐全的主秀场，有长达50米的玻璃T台和人性化的后场配置。为了便于水路运送原料而临江布局的原料仓库，在更新时保留了原建筑的宽楼梯、大平台、外立面及内部结构等，成为时尚中心的滨江亲水平台休闲区和餐饮娱乐区。厂区内大量锯齿形屋顶、砖木结构的车间建筑，经

---

① 李沁. 英国城市文化复兴实例研究[D]. 上海: 同济大学, 2009.

过整体设计成为时尚中心的主体体验区及设计师工作站等（图1-13）。

4. 建筑改造利用

工业遗产的改造再利用，首先要考虑对旧工业区风貌如何取舍的问题。工业遗产见证了一个地区工业文明的发展历史，承载了工业化进程中产生的工艺流程、技术变革、社会制度等重要的信息要素，是工业文明的重要载体，也是现代化工业社会集体记忆、历史进程与文化传承的重要组成部分。其中，标志性的物理空间，包括烟囱、管廊、塔吊、储罐等工业设备，厂房、办公楼、宿舍楼等建筑物，以及整体工业景观，具有强烈的符号象征意义，展现了独特的工业美学。

工业美学相较于传统的艺术美学，更加强调实用性与审美性的统一。工业美学理念的实现，包含了功能美、技术美、材料美、形式美。充分利用工业设备、工业建筑和景观的风貌特征，通过改造对工业建筑的文化性和科学性进行合理展现，能创造出独特的具有工业美学特征的文化产业园区风貌。

【陶溪川文创产业园】

陶溪川文创产业园是景德镇更新规划中选定的3个重点片区之一。始建于20世纪的十大瓷厂，曾经是城市陶瓷工业的响亮名片，"人民""红旗""建国"等带着鲜明时代印记的厂名，代表着景德镇昔日的辉煌。1995年以前，景德镇的陶瓷工业总产值曾经达到4亿元以上。这个仅占全省人口3%的工业基地，上缴的税收却占江西全省的20%。总人口20万的城市，陶瓷产业相关人口就有6.9万。受制于传统陶瓷产业粗放式增长，以及周边区域瓷土资源逐渐枯竭，20世纪90年代以后，十大国营瓷厂迅速衰退直至关停转制，几万名制瓷工人下岗，陶瓷技艺人才流失严重。2012年，景德镇提出对老城和工业遗产进行保护研究。清华同衡对景德镇的陶瓷遗址分布进行了时间和空间维度上的梳理，对全城370万栋建筑做了遗产价值评估，明确了有价值的工业遗产的分布和建筑质量，筛选出154处工业遗产，并提出将城市东部十大瓷厂聚集区作为城市副中心进行城市设计（图1-14）。

陶溪川文创产业园所在的这片厂区前身是景

图1-13　上海国际时尚中心

图1-14　景德镇东部十大瓷厂聚集区

德镇十大瓷厂之一的宇宙瓷厂，占地约11公顷。北靠凤凰山，南临老南河，西至陶瓷机械厂，东达为民瓷厂，区域内的工业遗迹忠实地记录着近现代陶瓷生产的工艺演变历程和建筑风格变化过程，是陶瓷生产与生活的重要遗存载体。集聚了"陶瓷""溪流"和"山川"的工业遗址集中区被命名为"陶溪川"，成为了景德镇的文化创意园区。在整个陶溪川片区中，宇宙瓷厂地块产权条件最为成熟、工业建筑质量最高，成为了景德镇陶瓷文化创意园区的启动区，被规划为工业遗产博物馆群，以公共建筑和公益功能的定位开启整个文创园区的营造工作（图1-15）。宇宙瓷厂建筑外立面多为实墙面，窗墙比较小，结构特征也偏重于生产使用，通风、采光都不适应新的使用方式。设计团队遵循"认识—尊重—保护—更新"的工作路径，采用"应保尽保、因材施策"的原则，保留了几乎所有的厂区建筑，总面积超过4.1万平方米，涵盖全部工艺流程。建筑立面沿用建筑原有的外观，尊重时代性，保持统一协调的工业美学风格。其中，位于厂区中心位置的两座烧炼车间，南北长280余米，东西长100余米，在20世纪50年代至80年代的陶瓷生产中满足烧炼流程的需求，保留着景德镇近现代3个时期典型的生产工艺特征：传统的圆窑（俗称"馒头窑"），早期的煤烧隧道窑，技术革新后的气烧隧道窑。在陶溪川文创产业园中，原烧炼车间被改造为博物馆和美术馆，获得2017年联合国教科文组织亚太遗产保护创新奖。

工业遗产建筑物大多具有大跨度、高净空、连续大空间、室内无柱或少柱等空间特点。尽管具有较高的空间利用价值，但在可持续利用中也需要关注优化性能、降低能耗。性能优化研究主要包括工业遗产的结构加固、保温节能、通风降温等内容。

【陶溪川工业遗产改造】

陶溪川文创产业园在对建筑处理上，尽可能保留原来的结构形式，利用原有的建筑材料，增加的部分尽量采用钢结构等可回收材料，以保持工业遗产的原真性。陶溪川美术馆的钢筋混凝土屋架结构，经过结构检测及鉴定，能满足承载力要求，设计充分尊重建筑的原始结构，进行保留和加固。而陶瓷工业遗产博物馆的屋面结构不满足承载力要求，但结构形式有价值、有特色，则采用与原木结构神似且可逆的钢结构进行替换，以新材料、新工艺实现对往日的老技艺、老情怀的延续（图1-16）。同时，两座厂房的内部空间高大，在建筑内部增加夹层，使原本平面上的流动性延展到立体空间，也提升了建筑的利用效率。美术馆的内部，在不干扰原结构的情况下开挖了地下室，进一步增强了建筑空间的实用性，使得更新后的空间更适应新植入的功能和流线要求。建筑室内新加建的部分选用了可逆性强且低碳可回收的钢结构，最大限度地减少对现存建筑物的扰动，有利于历史信息的充分保护。同时合理利用原厂房高侧窗，优化新的采光、通风、排烟方案。在工业设备的改造中，设计师把3个窑炉作为博物馆、美术馆地面空间的组织者，形成视线汇聚和展陈流线的转化，公共活动空间由外部空间、活力界面、交互灰空间共同构成，打破了内部封闭空间，带来流动性。[①]设计还完全保留了博物馆北端建于苏联援建时期的4层筛料漏斗，在远离参观面的位置贴建了轻巧的通行电梯和楼梯，把整个建筑群

① 刘岩，张杰，胡建新，等.尊重现状、面向未来：景德镇陶溪川宇宙瓷厂片区的规划与设计[J].建筑学报，2023(04)：12-18.

图 1-15 陶溪川一期宇宙瓷厂片区鸟瞰

图 1-16 陶瓷工业遗产博物馆室内

图 1-17 陶溪川保留的砖制烟囱

的最高点利用起来。在建筑周边景观设计中，原址保留了 3 个砖制烟囱，将其作为重要的工业遗存和历史信息展示给公众（图 1-17），同时还保留了原厂区内的高大树木和作为运送原料的小货车轨道，窑车也被改造为独具特色的景观花坛。

5. 公共空间提升

在工业遗产转型为文化产业园区的更新设计中，普遍遇到的问题是如何实现使用空间的功能置换和公共空间的品质提升。文化生产和创意产业一般对空间功能的排他性要求不高，工业遗产的通用空间都可以被功能置换为休闲、交流、餐饮等公共空间，也都有可能随时转变成即兴创作的工作场所。一方面，公共空间为创意从业者提供交换意见、获取灵感的场所；另一方面，公共空间也是文化生产和创意企业发布及获取最新的行业信息，以及向大众进行文化传播的空间。因此，产业集群理论认为，文化产业园区尤其应重视

邻近商业等公共空间的创造。通过环境设计提升公共空间景观品质，在工业遗产建筑的通用空间中体现文化生产和创意空间所重视的艺术性和独特性，成为文化产业园区吸引企业入驻、完成产业转型的重要策略。

【上海红坊创意产业园区】
上海红坊创意产业园区是在原上海钢十厂废弃厂区之上更新而成的艺术文化社区，其环境设计重点关注公共空间的品质提升，体现了开放性、包容性的特征。改造后的开放空间承担起了"城市客厅"的社会职能。

整个红坊创意产业园区占地 55000 平方米，总建筑面积 46000 平方米，园内公共空间的核心是回字形街道围合形成的中心绿地（图 1-18）。保留的工业建筑立面保存完好且风格独特，通过局部的改动，如增设建筑入口、局部改造为橱窗等方式，加强与中心绿地的交流和联系。中心绿地一部分模拟山地地形，局部填土，营造出起伏的表面肌理，成为公园式绿化景观；另一部分则是平坦、开阔的自然草地，能容纳多种室外活动，如举办艺术展览、开幕式、广场音乐晚会等。开放的公共空间为艺术家、设计师及其他工作者提供了良好的创作、展示、交流场所，也吸引了周边的上班族、游客及居民。

上海红坊创意产业园区的环境设计还充分利用厂区内废弃的工业遗产构件进行改造，将其再利用设计成具有工业景观特点的雕塑小品，体现场所的历史特征。广场沿园区内部街道一侧设置由废工业材料制作的雕塑，强化广场的边界，彰显工业文化。厂区中旧有的设备部件或构筑物局部也被改造成点状的景观小品，形成承载集体记忆的后工业景观细节。如将行车梁还原，转变为园区内部的

景观构件或休息椅；把铸有"上海冶金局"字样的砝码改造为景观小品；将酸洗槽迁回至园区的中央绿地等。这种对工业设备构件的艺术化加工，使该产业园区的公共空间既延续了场所精神，又提升了空间品质，起到了画龙点睛的效果（图1-19）。

图1-18　上海红坊创意产业园区

图1-19　上海红坊创意产业园区景观小品

第三节　文旅融合街区

文化产业与旅游产业之间一直存在着交叉和重叠。旅游产业是由旅游和由旅游行为引发的经济活动所组成的相关产业的集合，在我国国民经济产业门类中与文化产业同属第三产业服务业的范畴。20 世纪 80 年代以来，随着人们物质生活水平的不断提升，对旅游的需求也不断增加，旅游已逐渐成为一种流行的大众休闲方式。21 世纪以来，文化素质的提高、闲暇时间的充足，消费结构的升级，使人们对旅游中精神文化的需求旺盛起来。人们旅游不仅仅满足于走马观花式的观光，也开始关注旅游目的地的文化，具有深度文化内涵的旅游产品获得更多青睐。党的二十大报告提出的"坚持以文塑旅、以旅彰文，推进文化和旅游深度融合发展"，有助于增强旅游产品的文化附加值和市场吸引力，是旅游产业提升内涵、深度发展的根本所在。文化旅游的市场需求对文旅融合发展起到导向和拉动作用，从而形成了文旅融合发展的必然趋势。

同时，旅游为文化的传播、传承和价值的实现提供了重要的途径。旅游本质上是一种文化体验、文化认知与文化分享的重要形式。游客不仅能够在旅游目的地通过参观、体验、参与和互动等方式深度了解当地的文化及其特征，满足自身对文化多样性的求知、审美、愉悦等高层次精神文化需求，更重要的是，还能够从文化的差异性中更加明确并认同自己所属的文化群体，从而实现自我发展和提升。旅游

的良性兴盛发展，是一个国家或社会文化健康繁荣发展的重要标志之一。实现文化和旅游的融合互促，其实质在于"用文化的理念发展旅游，用旅游的方式传播文化"[1]。

文旅产业的融合发展，推动了各地的历史文化街区、特色小镇向文旅融合街区转变。这一过程也促进了地方历史人文资源的活化与更新。地方性的物质与非物质文化遗产，如文物古迹、历史建筑、传统风貌街区、民俗节庆、文化表演、手工技艺、风味美食等受到前所未有的关注。

1. 文旅融合街区的产生

我国文旅融合街区的主要来源是各地的历史文化名城、历史文化街区。历史文化街区是凝固的城市文化和历史，是最典型的城市文化空间，文化内涵最为集中。在历史文化街区更新中，将文化旅游与历史保护相结合，一方面可以突出城市特色，延续城市文脉；另一方面也可以挖掘城市经济可持续发展的潜力。

1982 年，国务院公布了第一批国家历史文化名城，"特别对集中反映历史文化的老城区……更要采取有效措施，严加保护，……要在这些历史遗迹周围划出一定的保护地带，对这个范围内的新建、扩建、改建工程应采取必要的限制措施。"[2] 我国在这一时期虽然还没有形成历史文化街区的概念，但已经

---

[1]　宋瑞．实现文化和旅游的融合互促 [N]．光明日报，2018-03-28（15）．
[2]　《国务院批转国家建委等部门关于保护我国历史文化名城的请示的通知》（国发〔1982〕26 号）。

注意到了文物建筑以外地区的保护问题。[①] 1986年，国务院颁布了第二批国家历史文化名城，并正式确立了保护历史文化街区的思想，提出"对文物古迹比较集中或能较完整地体现出某一历史时期传统风貌和民族地方特色的街区、建筑群、小镇、村落等也予以保护……核定公布为地方各级'历史文化保护区'"。同时，该文件明确地将"具有一定的代表城市传统风貌的街区"作为核定历史文化名城的标准之一。1996年，在钱伟长等专家的建议下，国家设立了历史文化名城保护的专项资金，主要用于重点历史文化街区的保护规划、维修、整治。丽江古城、平遥古城、乌镇古街、黄山屯溪老街、扬州东关街、泉州中山街等历史文化街区在专项资助下得到保护和整治。我国第一代文旅融合街区就是由历史遗留下来的富有地域特征的古城古镇发展而来的，如平遥古城、乌镇古街、西塘古镇等，其特点是依靠历史文化街区和建筑资源，以接待游客观光为支柱产业。文旅融合使一批历史文化街区由衰转盛，借由城市更新和旧城复兴的契机，再次获得了发展的机会。

在当前城乡融合发展和乡村振兴的背景下，文旅融合街区项目也常见于各地文旅小镇中。随着新型城镇化战略的推进，文旅小镇已成为凝聚新兴产业与城市功能的新型发展区域。文旅小镇以"文化+旅游"驱动为发展模式，一般基于特定的文化和旅游优势，以独特的历史文化资源或鲜明的地域风貌特征作为吸引点。文旅小镇以旅游业为基础，同时需因地制宜，充分挖掘地域文化特征，以增强辨识度，提升吸引力。文旅小镇的历史文脉、文化传承、物质与非物质文化遗产等，都是独特

的地方文化资源，是文旅小镇风貌特色的重要组成部分。2016年后，国家和地方政府相继出台政策条文，规范文旅小镇的发展建设，设立发展目标。国内出现大批新建的文旅小镇并投入运营，呈现出较为完整的开发体系，文旅小镇发展进入高潮期，并向成熟的发展模式演变。

2. 文旅融合街区与文化场景营造

文旅融合街区的发展注重保留历史文化街区中的文化符号，进行文化场景营造。历史文化街区作为文化记忆和精神遗产的载体，是活态的文化价值和有温度的生活图景的体现。保护历史文化街区所需的资金，不仅有赖于政府等机构的补助，还应当更依赖于街区自身经济发展的收益。因此，历史文化街区需要在新的经济环境下被赋予新的价值，并且为投资者创造更多的收益[②]。在产业变迁的大背景下，历史文化街区保护的执行需挖掘其自身的特色，寻找可能存在的经济增长点，使历史文化街区成为城市经济发展的助推器。场景理论将空间看成是汇集各种消费符号的文化价值混合体，为研究以消费为主导的后工业化城市文化空间提供了一种良好的理论范式。

场景理论（the theory of scenes）由美国芝加哥大学社会学教授特里·尼科尔斯·克拉克（Terry Nichols Clar）提出。这一理论从社会学角度将对城市空间的研究从自然与社会属性层面拓展到区位文化的消费实践层面。场景理论将"场景"定义为由各种生活娱乐设施所构成的具有符号意义的空间，并通过这种蕴含文化场景的空间来提升城市生活品质，进而吸引城市创意阶层的聚集，成为推动城市发展的内生动力。后工业时代

---

① 阮仪三、孙萌. 我国历史文化街区保护与规划的若干问题研究 [J]. 城市规划，2001（10）：25-32.
② 沙子岩、毛其智. 从欧美案例探讨北京历史文化街区保护的有效途径 [J]. 北京规划建设，2013（04）：6-10.

的城市本身是一个大场景，这个城市大场景又是由一处处具体的城市场景组成，涉及由消费、体验、符号、价值观与生活方式等文化意涵组成的文化空间。场景不仅蕴含了功能，还传递着文化和价值观。在场景理论的空间视角下，场景须包括以下几个要素：一是地理学概念上的社区，其小巧的体量比城市或国家之类较大的空间范围，更易捕捉到内外部的区别；二是显著的实体建筑，如舞蹈俱乐部或者购物中心，将场景植根于有形的、可识别的集聚空间；三是种族、社会阶层、性别、受教育程度、职业和年龄等各不相同的人，他们是场景高度关注的对象；四是将这些要素连接起来的特色活动（比如一场朋克音乐会）。所有这些要素综合在一起，形成了场景象征意义的表达，即共同的价值观。最终，场景就具备了公共性，无论路人还是爱好者都能够参与其中。①

场景理论从化学元素周期表中汲取灵感，试图构建一个"文化元素周期表"，构成元素为具有审美意义的离散点。为了识别这些场景的深层次结构，克拉克在纯理论与纯实证研究之间取了一个中庸之道，从诗歌、小说、宗教信仰、审美理念、文化理念及哲学等文化范畴中寻找一些关键性要素，从中选取了15个维度，通过给原始数据注入具有文化意味的"主旋律"，将其划分为合法性、戏剧性和真实性3个主维度和15个子维度，构成场景的语法。场景理论聚焦市民主体性文化艺术消费实践的参与对城市增长发展的影响，认为以便利设施为导向的公共物品集合形成不同场景，与场景中蕴含的文化价值观和生活方式一起，对不同人群产生聚集作用，从而带来不同的城市结果，提出

了利用文化因素推动城市发展研究的新视角。②

21世纪初以来，我国场景理论研究也逐渐从最初的社会学拓展至新闻传播学、管理学、经济学、艺术学等领域，为研究文化在政治、经济和社会演化中的驱动作用提供了综合性视角。在城市更新领域，依据场景理论，各种都市消费娱乐设施和市民组织的组合形成特定场景，体现了不同的价值观，反映了区域内个人或群体对当地特有文化的感应。这种感应进而影响其在娱乐、择居、就业等方面的决策，吸引着不同群体尤其是创意阶层前来居住、生活和工作，以此驱动区域经济社会转型与发展。因此，价值观是一种同时作用于未来内部与外部的动力机制，对内表现为凝聚文化认同，对外表现为吸引创意阶层的文化参与。在具体实践过程中，众多学者将场景理论应用于不同类型的文化空间营造和价值提升，探索构建具有美学意义、活动体验和情感共鸣的美好生活场景，如对城市、特色小镇、公共文化空间等进行场景研究，提出形成各自的空间营造与文化升级策略。

历史文化街区的传统建筑可被视为一种文化符号，具有强烈的象征意义，是场景营造的物质基础。依托历史文化街区的建筑与空间环境，规划合理、舒适便捷、类型多样的文化活动空间和展示游览空间，是吸引游客、激发文旅活动的重要方式。基于场景理论，在物质空间层面，结合历史文化街区加强建筑的保护和修缮，营造亲切宜人、密路网、步行化的街区环境，利用小尺度建筑特点，将部分居住建筑功能置换为咖啡馆、小剧场、酒吧、书店等小规模、多样化的文化娱乐设

① 西尔，克拉克. 场景：空间品质如何塑造社会生活 [M]. 祁述裕，吴军，等译. 北京：社会科学文献出版社，2019.

② 吴军. 场景理论：利用文化因素推动城市发展研究的新视角 [J]. 湖南社会科学，2017（02）：175-182.

施，注重公共休憩空间的建设与街区设施功能上的混合，有助于将历史文化街区构建为具有生活、生产、消费、文化交流体验等多功能的综合性公共空间。从生活真实性的角度看，历史文化街区不仅是过去人们生活和居住的场所，在现在和将来仍将继续发挥功能，是社会生活中自然而有机的组成部分[①]。在场景营造中，将设施环境、文化符号和情境意义相融合，将生活居住、旅游观光与文化消费相结合，有助于实现历史建筑保护与文旅产业发展、社区在地发展与城市整体发展的平衡。在保留历史建筑外观的基础上，用城市更新的思路，植入新的功能内容，展示新的生活方式，上海新天地就是历史文化街区场景营造的典型案例。

【上海新天地项目】

由香港瑞安地产集团开发的上海新天地项目，位于淮海中路南侧，大部分为近代的石库门民居建筑。其占地面积 3 万平方米，建筑面积 6 万平方米，在更新前有 2300 多户、约 8000 位居民居住于此，动迁成本极高。人均居住面积不足 8 平方米的过度拥挤状况，造成了对石库门建筑的超限使用和居住环境的恶化，维护不善也使历史文化街区难以展现其人文风采。

1996 年上海市政府审批的《太平桥旧区重建规划》和全国重点文物保护单位的规定要求，保护兴业路 76 号中共一大会址；上海市级文物保护单位规定，保护太仓路 127 号中共一大代表临时宿舍旧址，保持黄陂南路、兴业路的宽度不变，完整保留黄陂南路、兴业路路口。新天地的改造以历史文化街区保护性利用为基础，按其与中共一大会址距离的远近，分三个层次进行保护。核心保护范围包

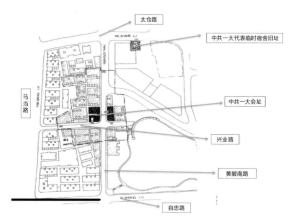

图 1-20　上海新天地周边建筑示意图

括中共一大会址与相邻建筑，兴业路 66 号至 78 号，黄陂南路 374 弄 1—4 号、375 号，原保护建筑（图 1-20 中深色块标出的石库门）只能用于建设博物馆、展览馆。建筑控制地带包括核心保护范围以东 20 米、以南 45 米、以北 80 米和以西 35 米，这一地带要求保持原有建筑形式，可作旅游商业、文物商业之用。最外围的则是建筑协调区，北至太仓路、南至自忠路、东至顺昌路、西至马当路的四个街坊均在此范围内。

石库门老房子勾起的怀旧情结，包含着一种上海位列全球城市地位的文化想象。唯有把新天地与石库门建筑联系起来，才能使人们在提及新天地时产生文化认同感。新天地创作团队由来自美国、日本、新加坡等国的建筑师和上海同济大学城市规划与建筑设计学院的教授组成。设计师从保护历史建筑、兼顾城市发展和建筑功能的角度进行多方面考量，决定在整体规划上保留北部地块大部分石库门建筑，穿插部分现代建筑，南部地块则以反映时代特征的新建筑为主，配合少量石库门建筑，以一条步行街串起南、北两个地块。

---

① 阮仪三，孙萌．我国历史文化街区保护与规划的若干问题研究 [J]．城市规划，2001（10）：25-32.

在建筑控制地带，为了重现石库门弄堂当年的形象，建筑师从档案馆找到了当年由法国建筑师设计的原有图纸，并按图纸修建，做到整旧如旧。通过注射防潮药水，对原有石库门的砖、瓦等建筑材料进行性能优化处理。屋顶改造是在其内部先放置防水隔热材料，再铺上注射了防潮药水的旧瓦以保留外观。在石库门建筑内部加装现代化设施时，则采用地下开挖的方式，铺埋水、电、煤气、通信电缆、污水处理、消防系统等管道。在埋设各种地下管线后，再浇注水泥路面，最后铺上青砖，让青砖上慢慢长出青苔，再现历史的逼真感，仿佛就是20世纪留下的石库门旧弄堂。为保护旧建筑，施工现场不进挖土机，施工难度相当大，保留旧建筑的工程造价远远超过了新建建筑。但建筑内部根据现代人的生活方式、审美情趣和情感需求，将原来的居住功能替换为餐饮、购物、演艺等文化和商业消费功能，使新天地成为上海著名的文旅目的地。

新天地的城市更新，以还原上海石库门建筑外观为核心进行场景营造（图1-21），生动地再现了上海人的怀旧辉煌历史与憧憬美好明天的内心感受。对这一情感的文化认同，以及由此产生的归属感，让老上海人和新上海人、本地居民和外来游客都能体会到海派文化生活的繁荣。

与新天地相比，同样位于上海市的思南路更新项目在商业开发上相对比较克制，在更大程度上还原了历史文化街区的历史风貌和场景。

【上海思南路更新项目】
思南路地处上海浦西核心区域，北面是淮海路，东面是新天地，南面是田子坊，区位条件优越。20世纪初，大批军政要员、企业家、专业人士和知名艺术家，如柳亚子、梅兰芳等，曾在思南路公馆居住。这一街区成为上海名流的汇聚之所，

也是中国近代革命运动的重要场地，具有独特的历史风貌和人文景观。同时，这里是上海近代居住类建筑的集中地，也是上海市中心成片独立花园住宅最集中的区域之一，汇聚了独立式花园洋房、联排式花园洋房、新式里弄、现代公寓等多种建筑样式，是衡山路－复兴路历史文化风貌区的重要组成部分。但在更新改造前，随着城市人口急剧增加，这一片区的公馆曾出现平均每幢洋房居住家庭多达14户的情况，普遍存在楼梯间和庭院空间私自搭建、厨卫合用、电线杂乱等居住环境恶化现象，改造前的思南路公馆已成典型的"72家房客"模样。

1999年，为了重现上海历史文化风貌，思南公馆更新项目正式启动，先后被确定为"上海城市建设保留保护性改造"试点项目、国家"历史文化名城保护专项资金"项目及"上海市历史文化风貌街区和优秀建筑保护与整治"试点项目。该更新项目涉及思南路47—48号街坊，西起思南路西侧花园住宅边界（思南路以东为47号街坊、以西为48号街坊），东至重庆南路，南临上海交通大学医学院（上海第二医科大学），北抵复兴中路。

自2003年起，由上海城投永业置业发展有限公司聘请法国建筑师夏邦杰担任总体设计的工作，德国N+M建筑集团担任思南路历史建筑的修复工作。更新项目保留了51栋旧建筑，总建筑面积近3万平方米。思南路项目更新改造的原则是"保持历史风貌，使用方式回归"，因此这一片区整体规划保留了大部分居住建筑功能，包括思南公馆酒店、特色名店、企业公馆、思南公馆公寓4个功能区（图1-22）。思南公馆酒店和租赁式公寓，以分时共享的形式再现了近代上海公馆的洋房居住文化场景。特色名店区则以柳亚子故居改造的思南书局为旗舰项目，不定期举行各种文学主题活动，形成具有浓厚文化氛围的开放街区，也成为

图 1-21　上海新天地石库门建筑

图 1-22　上海思南路更新项目主要功能区

图 1-23　思南公馆特色名店区

知名的文化旅游目的地（图 1-23）。

3. 文旅融合街区与文旅 IP 传播

文旅融合街区的发展也关注以文旅 IP 为传播媒介的历史文化街区形象重构。在文旅产业不断融合发展的现实背景下，一个旅游目的地品牌的建设越来越依赖于鲜明的文化主题。只有具有特色的旅游产品，才能吸引游客的注意力。文旅 IP 具有深度的内涵和吸引力，不仅能把各地的人流汇集起来，而且能通过文旅小镇本身优异的特质保持长久的影响力和号召力，从而支撑文旅小镇的持续运营。

IP 是 Intellectual Property 的缩写，即知识产权，在传媒领域指著作权或版权。在互联网语境下，IP 更为普遍的含义是指具有高度可识别性和传播性的符号元素。随着互联网传播方式的变革，传统的精英主导和专家主导模式已经不再是文旅行业品牌塑造的主要方式，包括普通体验者在内的网络传播者也有可能成为意见领袖，参与文旅产品 IP 的塑造。文旅 IP 只有极力突出自身品牌的差异性与辨识度，才能在激烈的营销资讯汪洋中不被淹没。成功的 IP 具有鲜明的辨识度，拥有多维度产品变现的能力，同时支持多媒体时代的跨平台传播且自带消费者流量。[①] 文旅 IP 的这些特性很好地满足了互联网时代文化传播的特点，也越来越成为文旅产业发展的关键引擎。在"互联网+"和融媒体语境下，历史文化街区借助文旅 IP 的传播效应进行形象重构，也成为文化主导下城市更新的有效路径之一。

---

① 郭湘闽，杨敏，彭珂 . 基于 IP（知识产权）的文化型特色小镇规划营建方法研究 [J]. 规划师，2018, 34（01）：16-23.

文旅 IP 的跨媒介叙事与多渠道传播，在文旅产业链条中具有重要的符号意义，以新的方式构建出新时代的文化想象，其中所映射的共有的文化心态，也在一定意义上关联着对于民族、国家的整体性叙事。尤其是结合历史文化街区改造，可与文创衍生品工作室、博物馆、影视基地、主题乐园等实体公共文化空间样态相融合，融入外来游客或本地居民的当代文化想象和日常生活实践中，创造一套新的艺术语汇体系与文化表意方式。

地方性经典文学作品是重要的文旅 IP 来源。文学在地方文化的建构与心理认同中发挥着重要作用，广泛流传的文学经典不但成为特定地域的文化标志物，还在更广泛的意义上成为人们构筑族群认同与共同体文化想象的基石。这些文学文本经由历史文化街区景观、空间、媒介等要素与表演等形式的重新设计，再次融入当地的地域文化，又成为当地的新时代人文环境和文化生态的有机组成部分，实现文旅 IP 带动历史文化街区再生的新形态。湘西边城茶峒镇是将经典文学作品转化为文旅 IP，带动历史文化名镇更新的典型案例。

【边城文旅小镇】

位于湖南、贵州、重庆交界处的湘西土家族苗族自治州花垣县茶峒镇，始建于 19 世纪初，因 20 世纪 30 年代沈从文小说《边城》而声名远扬。《边城》描绘了湘西地区特有的风土人情，借船家少女翠翠的纯爱故事，展现出人性的善良美好。沈从文描写的边城城墙逶迤，河水悠悠，青石道整洁风雅，吊脚楼古色古香，白塔耸立，古渡摆舟，如诗如画。为打造文旅 IP，2005 年茶峒镇更名为边城镇。

2014 年边城镇获评中国历史文化名镇，2016 年入选首批中国特色小镇。2018 年通过的《湘西土家族苗族自治州边城历史文化名镇保护条例》，从保护对象和范围、政府和部门职责、维护和修缮管理措施、建立跨行政区域协调机制等四个方面，对边城历史文化名镇保护作出了规定。核心保护对象包括药王洞、古码头、国立茶师旧址等文物保护单位；古民居、老商铺等特色民居；协台衙门、沈从文写作楼等历史建筑；古塔、古桥梁、古城墙、古寺庙等建筑物及构筑物遗址。在"文旅兴县"战略下，边城镇所在的花垣县优化布局文旅产业，提升核心景区服务能力，依托《边城》IP 完成边城茶峒、古苗河等重点景区周边服务设施的改造，提升景区游客接待和配套服务水平，形成较为完善的旅游产业市场体系。同时，通过开展美丽乡村建设改善景区周边基础设施，完成通村路拓宽、安全防护等工程，形成文旅小镇旅游区块建设。文旅产业带动小镇更新后，再现了小说中赶集、摆渡、赛龙舟等经典的场景，吸引了来自世界各地的游客和文学爱好者（图 1-24）。

图 1-24　茶峒老渡口

第四节　社区文化空间

随着人们物质生活水平的提高，对精神生活的需求也在逐步提升，开始越来越重视日常生活环境中社区文化基础设施的建设。

社区文化空间，不仅包含传统意义上的中小学教育建筑、社区大学、老年大学、社区活动中心等建筑，也包括了近年来出现的以文创工坊、文创零售、文化主题休闲建筑为代表的非正规性、分散式、小微型文化空间。在丰富社区居民精神文化生活，强化社区归属感，营造美好社区家园方面，社区文化空间发挥着越来越重要的作用，是当下社区微更新的重要课题。

1. 社区文化空间的产生

最常见的社区文化空间是以社区中心为依托的文化活动空间。社区中心概念可以追溯到早期的邻里中心（neighborhood center）。1920 年，美国克拉伦斯·佩里（Clarence Perry）提出邻里单位（neighborhood unit）模型，以小学服务半径为标尺，将小学、教堂和公共空间作为邻里中心的必要内容，而将商业服务设施布局在邻里单位外侧的四角（图 1-25）。刘易斯·芒福德（Lewis Mumford）认为佩里的邻里单位规划是用现代思想、自我意识艺术和现代设施将传统城市中的庙宇和教堂替换为邻里中心、学校及公园，邻里中心成为现代城市中邻里住区的精神和文化中心，这样的内容组织和象征意义说明了邻里中心最初具有较强的公益性特征。随着邻里单位规划模式在各国现代城市住区规划中被广泛应用，邻里中心的

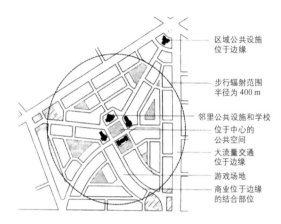

图 1-25　邻里单位模式中的邻里中心

功能和意义也在世界范围内被广泛接受。

20 世纪 90 年代初，针对郊区无序蔓延带来的城市问题，新城市主义（New Urbanism）理论主张借鉴第二次世界大战前美国小城镇发展的优秀传统，塑造具有城镇生活氛围的、紧凑的社区，取代郊区蔓延的发展模式。新城市主义强调土地和基础设施的利用效率，通过适度提高建筑容积率降低开发成本和"浓缩"税源，具体内容包括适宜步行的邻里环境、小街区密路网的街道网络结构，邻里、街道和建筑的功能混合、高质量的建筑和城市设计、可辨别的中心和边界、足够的容积率和紧凑度、回归传统习惯性的邻里关系等。安德烈斯·杜安尼（Andres Duany）和伊丽莎白·普拉特－齐贝克（Elizabeth Plater-Zyberk）提出的传统邻里开发（Traditional Neighborhood Development，TND）和彼得·卡尔索普（Peter Calthorpe）提出的公共交通主导型开发（Transit-Oriented Development，TOD）是新城市主义理论的两

大社区发展模式。新城市主义认为，社区应该有一个集商业、文化、休闲娱乐和公共活动用途于一体的中心，应建立充足的公共空间，如广场、绿化带和公园等的露天场所。规划设计这些场所可以鼓励人们经常参与公共活动。在新城市主义开发模式下，邻里中心的功能组织发生了变化。复合功能社区中心（community center）成为新城市主义社区规划的重要特征。这种复合社区中心重视商业服务设施的组成，优先考虑公共空间和公共建筑部分，并把公共空间、绿地、广场与社区中心进行整合，强调社区的紧凑度（图1-26）。

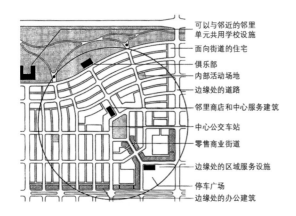

可以与邻近的邻里
单元共用学校设施
面向街道的住宅
俱乐部
内部活动场地
边缘处的道路
邻里商店和中心服务建筑
中心公交车站
零售商业街道
边缘处的区域服务设施
停车广场
边缘处的办公建筑

图 1-26 新城市主义传统邻里开发模式中的复合社区中心

在我国计划经济时期，居住区规划中的小区中心规划受邻里单位模式和苏联居住小区规划理论的影响较大，公共设施由政府统一配置，并以社会福利形式提供给居民使用，这一时期的小区中心规划具有功能综合布局的特点。改革开放后，商业开发的居住小区兴起，逐步取代了单位大院内统一建设的职工宿舍和住宅。在房地产开发过程中，居住区公共设施按照"谁开发谁配套"的原则进行建设。20世纪90年代，我国施行的《城市居住区规划设计规范》（GB 50180-93）提出，应采用相对集中与适当分散相结合的方式合

理布局公共设施，明确术语"公共活动中心"——"配套公建相对集中的居住区中心、小区中心和组团中心等"，提倡"商业服务与金融邮电、文体等有关项目宜集中布置，形成居住区各级公共活动中心"。

在经历了快速城镇化阶段之后，我国社区发展重心已经由增量发展向存量发展模式转化。关注微小过程和精细空间的"社区微更新"成为"城市修补"的重要方式之一。社区微更新强调对人的关注，不仅关注人的客体性，关注社区更新中居民的生活需求，更强调关注人的主体性，关注居民在社区更新中可以发挥的主观能动性。2018年颁布实施的《城市居住区规划设计标准》（GB 50180-2018）突出以人为本，以适当步行距离的"生活圈"取代过去仅基于人口规模的分级模式，明确提出"15分钟生活圈"的街道综合服务中心、"5分钟生活圈"的社区综合服务中心建设原则。实践中更倡导一种公益性与经营性相结合的邻里中心（图1-27），将社区文化活动中心与体育活动中心的功能内容也融入其中。

2. 社区文化中心建筑

老旧社区的更新，不仅存在物质空间环境的整治问题，也面临改善居民在获得核心资源（教育、医疗等）与个人发展机会方面的挑战。社区内的中小学、邻里文体活动中心等社区文化中心建筑作为关键性节点和枢纽空间，能够在提升居民文化教育资源和个人发展空间方面起到重要作用。与常规研究模式中社区成员只是人群目标和消极的信息接收者不同，社区文化中心建筑的设计过程非常重视社区的观点，并在设计的各个阶段积极寻求社区的参与力量。耶鲁大学城市设计工作室完成的德怀特小学改造项目是以社区文化中心建筑的设计为核心，对社区公共资源

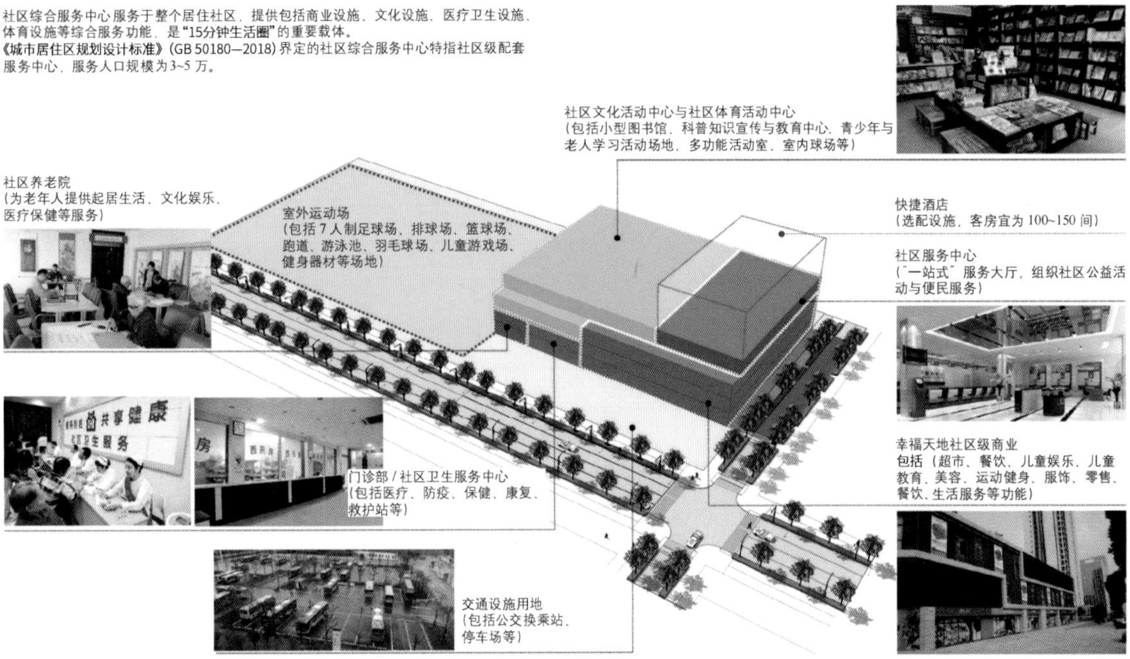

社区综合服务中心服务于整个居住社区，提供包括商业设施、文化设施、医疗卫生设施、体育设施等综合服务功能，是"15分钟生活圈"的重要载体。
《城市居住区规划设计标准》（GB 50180—2018）界定的社区综合服务中心特指社区级配套服务中心，服务人口规模为3~5万。

社区文化活动中心与社区体育活动中心
（包括小型图书馆，科普知识宣传与教育中心，青少年与老人学习活动场地，多功能活动室，室内球场等）

社区养老院
（为老年人提供起居生活、文化娱乐、医疗保健等服务）

室外运动场
（包括7人制足球场、排球场、篮球场、跑道、游泳池、羽毛球场、儿童游戏场、健身器材等场地）

快捷酒店
（选配设施，客房宜为100~150间）

社区服务中心
（"一站式"服务大厅，组织社区公益活动与便民服务）

门诊部/社区卫生服务中心
（包括医疗、防疫、保健、康复、救护站等）

幸福天地社区级商业
包括（超市、餐饮、儿童娱乐、儿童教育、美容、运动健身、服饰、零售、餐饮、生活服务等功能）

交通设施用地
（包括公交换乘站、停车场等）

图1-27　公益性与经营性相结合的邻里中心

进行整体优化，并推动居民参与社区公共事务的典型案例。[1]

【德怀特小学改造项目】

德怀特小学改造项目始于1995年，由一场为期3天的社区研讨会拉开帷幕。包括市长、地方官员和当地居民在内的300多人参加了这场研讨会，讨论小学的校舍扩建问题。老校舍位于一个低收入社区，缺少室内休闲空间和集合礼堂，教室也没有窗户。讨论后的设计任务书要求，新校舍应把维修和安全作为优先事项，不要平屋顶和可供露宿的门廊，采用坚固耐用、不易破坏的材料，要引入更多自然光，这些要求在后来的设计中都得到了充分体现（图1-28）。为了提升小学在社区中的地位，新校舍的设计将西面的山墙抬升，"L"形的扩展部分成为醒目的入口轴线，而彩色线条的标志牌向社区宣告着小学的存在。

图1-28　德怀特小学改造项目

为了加强小学与社区的联系，新校舍设计了一个可容纳500名学生的多功能厅，不仅能满足小学的集会要求，也可作为社区会议的场所。由操场和两个花园形成的三个户外空间呈风车形围绕在校舍周围。教室区、多功能厅和社区办公室相对独立，三个部分的交汇处设计了一个两层高的椭圆形共享大厅，成为小学与社区联系的交点。在整个设计过程中，非专业人员与专业设计人员始终处于

① 杨丽，周婕，杨丽．大学社区设计中心：美国建筑教育服务性学习的组织形式 [J]．新建筑，2012（04）：131-134.

平等的地位，德怀特小学的师生、家长和当地居民一起组成了活跃的设计团队，将自己的构思和设想运用到项目设计中，在保持设计理念的前提下，基于社区的参与性研究获得了前所未有的成功。

社区文化的形成和发展是动态更新、有机生长的过程。新的文化建筑介入，并不一定意味着对传统文化的全盘接纳和延续，也意味着新的生长契机。在老旧社区更新中，社区文化不仅需要梳理、判断、有选择地保留和传承，也需要与时代接轨，注入新的活力。福建省下石村的希望小学"桥上书屋"，通过对传统土楼村落社区文化的批判性介入，创造了既有地域特点又具现代性的社区文化空间。

【福建下石村桥上书屋】

福建下石村有两个隔渠相对的土楼，旧时互为仇敌，划渠为界，互不往来。土楼这种独特的集合住宅形式，反映了客家聚落历史上的宗族中心文化，具有强烈的内向防御性，是传统文化的积淀和独特的地方文化遗产。但与此同时，村内土楼以外的空间发展却缓慢、滞后，难以形成跨越土楼的交往、交流和精神上的凝聚。

桥上书屋建筑面积仅240平方米，但从功能和形式上为两个土楼创造了连接。下石村的希望小学只有两个班，功能空间包括两个阶梯教室，一个小图书馆。建筑师将三个功能空间全部安置在跨渠而建的桥上，以改善整个村内缺乏公共性质的交流空间的现状。两个教室在桥的两端，分别朝向南、北两个土楼，教室的走廊通向桥中间的图书馆。教室端头分别设计为可以活动的转门和推拉门。课余时间端头空间可以开放给社区公众，作

为集会和地方木偶戏等传统文化表演的舞台，成为村里的公共空间。与封闭的土楼外墙相反，书屋教室外侧设置开敞的走道，形成通透的视觉通廊，表皮的处理也使人在室内的视线不受近处行人的干扰，同时又可观赏远处的风景（图1-29、图1-30）。

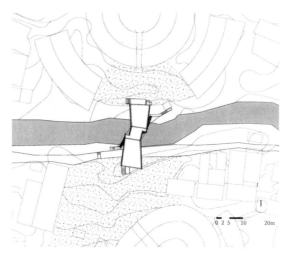

图1-29　福建下石村土楼与希望小学平面图

图1-30　福建下石村希望小学桥上书屋

希望小学为土楼村落注入了新的功能，同时也强调了地方传统文化在日常生活中的地位，丰富了居民文化生活。这里的桥不只是空间上的联系，更是一种社会、心理和时间上的沟通。桥上书屋针对这种传统秩序下自我生长而形成的土楼村落封闭体系与现代生活方式的矛盾，采取了犀利的"针刺疗法"，将现代语言的建筑置于传统的村落社区空间，

试图通过刺激整个空间体系的问题关键点，使整个系统产生新的活力。①

3.社区微型文化空间

社区微更新高度关注对小尺度开放空间的环境整治和文化提升。这种自下而上的适应性改造往往机动灵活，根植于与个人直接相关的户外环境，创造了大量小而美的社区微型文化空间。社区微型文化空间承担着促进社区交流、凝聚社区文化的功能，成为社区居民日常生活的"公共容器"。

北京大院胡同28号院改造，探讨了在北京四合院结构基础上新的城市居住文化更新，从更细微的空间层级介入社区公共空间的微改造，提出了具有中国文化特征的现代式社区微空间形式。

【北京大院胡同28号院更新项目】
大院胡同28号院位于北京旧城区域，原来是一处占地面积262平方米的普通杂院。城市人口的增加使北京的居住密度不断增加，街巷网格不断变密，四合院的尺度也在不断缩小。从中国居住文化和四合院建筑的传统来看，每个家庭拥有一个独立的院子，是理想居住空间的原型，只有在这个院子里，天地人才是完整的。现代城市人口拥挤的状况下，四合院变成大杂院，破坏了这种理想居住原型。

大院胡同28号院的设计尝试在胡同院落中重建一种规制，化解高居住密度与传统院落结构的矛盾。建筑师从解决旧城更新、居民生活等现实需求矛盾的角度，提出北京城市结构可以再次加密，将明清、民国时期北京四合院的"细胞层级"尺度，加密到当代"分子层级"，沿用分形结构逻辑，将原来的院落转化为包含多个居住单元和公共共享活动空间的"微缩社区"，通过技术性设计和精神性营造，使人在私密、公共生活中体验到日常诗意和都市胜景，实现当代都市现实中的"理想居所"。② 改造后的大院胡同28号院包含五套带院落的居住公寓和一处咖啡/餐茶公共空间，由喧闹的城市商业街区转折进入相对宁静的胡同区域，再由外部胡同通过一条半室外主巷道和一条再次分支的巷廊，可以分别进入北侧、南侧不同格局和规模的五套合院公寓，线型空间单元构成了院落群组的空间架构（图1-31）。

在当下的现实条件下，传统的理想居住方式"宅园并置"难以广泛实现，但大院胡同28号院提出了一种"宅园合一"的新模式。不同公寓拥有大小、形状不同的庭院，主要起居空间通透，面向并对景于庭院。由主巷道南行，经

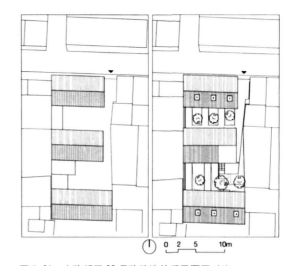
图1-31 大院胡同28号院改造前后平面图对比

① CAIGE L.桥上书屋，下石村，福建，中国 [J].世界建筑，2014（09）：54-63.
② 李兴钢，侯新觉，谭舟."微缩北京"：大院胡同28号改造 [J].建筑学报，2018（07）：5-15.

咖啡 / 餐茶空间，抵达后面的小公共庭院，并可沿一侧的混凝土阶梯，上至抬升在庭院上方的亭楼平台。经过改造，大杂院能容纳更多的家庭住户，同时城市结构延伸到院子中，把一个院子变成了一个社区，把原来的大杂院变成了一个组合院群（图 1-32）。庭院空间既是生活空间，同时也可以作为精神空间来营造。每户住宅都有或大或小的庭院空间，社

图 1-32　大院胡同 28 号院的庭院空间

区也有共享的公共庭院，既解决现实条件下有限土地资源和人口增长的矛盾，又满足极限条件下人们对理想生活空间的追求。

同时，社区微型文化空间的塑造，不仅是社区微更新的物质成果，也是"文化赋能"社区空间的重要形式。公共艺术形式的介入，如采用装饰性的文化主题符号等，对于社区空间的意义并不局限于艺术自身的审美价值，而是通过公共艺术改善了社区环境，提升了社区形象，使社区空间及居住建筑具有更高的文化价值和经济价值。在城市更新中，赋能意味着利益相关者之间权力的重新平衡。公共艺术赋能社区微型文化空间，对增加居民经济收入、加强居民话语权、推动居民的社区参与至关重要。

对文化符号进行系统性的分析是公共艺术赋能社区空间的基础。文化符号是地域文化的载体，蕴含了当地特有的精神价值、思维方式和文化底蕴，凝聚着当地人的倾向性共识和文化认同。就文化符号的形式来看，可以从当地具有地域特色的建筑构件、民俗文化、当地美食或装饰纹样中提取出相应的颜色、

形式、材质、肌理，也可以从隐性的思想入手，例如从当地的共同价值观、方言、风俗习惯中提取出共同的哲学、情感和精神内涵。对文化符号元素进行多样化的组合，应用在空间的装饰、色彩、材料、灯光、陈设等方面，形成特定的地域文化环境氛围，也体现了不同社区文化的多样性。

【广州市恩宁路永庆坊更新项目】

以广州市恩宁路永庆坊更新为例，该案例将广府传统建筑装饰符号运用转译的方法应用于公共空间设计中，将当地的文化资源转化成产业优势，通过公共空间的艺术设计赋能社区更新，把历史文化街区打造成城市文化与地域特色的展示窗口。

广府建筑多以青砖灰瓦木结构作为主体，青砖灰瓦的使用使整体建筑呈现出青灰色的色彩特征。这种材料仍然可以在现代空间设计中沿用，或者提取其色彩特征与建筑肌理来营造广府地区的独特传统文化氛围。永庆坊室外公共空间的设计融入了青砖灰瓦元素，使传统广府建筑的外观风貌能够在新建筑上得以延续（图1-33、图1-34）。

图1-33　永庆坊一期乡愁广场的室外景观

图1-34　永庆坊二期街巷空间

除了"文化赋能"作用，社区微型文化空间还能发挥小微型公共空间的"针灸"作用，带动老旧社区更大范围的文化更新。1982年巴塞罗那政府采纳了总规划师奥伊厄尔·博伊霍斯（Oriol Bohigas）对城市进行"碎片"式再生的建议，首次提出"城市针灸"计划。为了恢复并扩展市中心和街坊的活力，巴塞罗那城市更新从小型空间入手，以点式切入法，用有限的资金在短期内改造与新建了上百个不同类型的广场，重新塑造了旧城环境，提升了城市形象。城市针灸计划的实施，通过最小的介入和引导，带动整个区域发生变化，相比于大规模整体更新模式具有资金占用少、实施周期短、操作灵活、见效快的特点，在老旧街区的城市更新中具有明显优势。

"城市针灸"（Urban Acupuncture）是针对老旧城市肌理提出的一种催化式的"小尺度介入的城市发展战略"。城市针灸将城市作为一个生命体，在城市再生与发展的过程中，把握城市整体脉络，通过对城市生命体"穴位"——特定地点的小尺度干涉，激活其潜能，促其更新发展，进而对更大的城市区域产生积极影响，以此治疗城市疾病。城市针灸的工作原理借鉴了中国古老"针灸"的精髓，在最关键的部位，用最微小的气力使肌体得到最大的调理，取得最大的效益。

【洛杉矶雷默特公园社区更新项目】
洛杉矶雷默特公园社区更新项目以音乐文化为主题，从沿街小尺度公共空间的改造入手，带动街区从内城衰败的趋势中逆转，获得社区持续发展的契机。从20世纪60年代开始，雷默特公园地区周边就集中了大量以非裔美国人为主的社区，几十年来一直是洛杉矶黑人文化的中心，在当地的爵士乐和嘻哈音乐舞台上占有重要地位。雷默特公园社区更新是南加州建筑学院（SCI-Arc）社区设计中心开展服务性学习长期关注的课程项目。[1] 围绕雷默特公园视觉剧场（The Vision Theatre）、青年艺术空间（Kaos Network）、世界舞台（The World Stage）等场所开展的节点式街道公共空间改造（图1-35），对这一地区保持音乐文化氛围、激发社区活力，起到了典型的"城市针灸"作用。

本章训练和作业

作业内容：根据城市文化地标、文创产业园区、文旅融合街区、社区文化空间等文化建筑类型，分组完成城市更新与文化建筑的案例分析。通过案例学习，理解并熟悉城市更新下的文化建筑类型，掌握不同文化建筑的应用场景。

作业时间：课内3课时，课后3课时。

教学方式：理论讲解结合案例教学，通过案例分析，使学生熟悉城市更新的不同场景，并认识到文化建筑赋能城市更新的价值和意义。

要点提示：城市更新是一个动态发展的过程，不同时期、不同城市，以及城市中的不同地段，所面对的城市更新问题都不尽相同。理论和案例的学习还需要结合具体的对象，找准痛点，厘清重点和难点，才能有针对性地提出解决方案。

作业要求：根据文化建筑的不同类型，每组学生收集两三个典型案例，分析其在城市更新中的赋能作用，并在课堂上汇报交流。

课后作业：每人结合一个典型案例，以"文化建筑在城市更新中的赋能作用"为题，写一篇建筑分析，字数控制在800字左右。

---

① 杨丽，周婕，杨丽. 大学社区设计中心：美国建筑教育服务性学习的组织形式 [J]. 新建筑，2012（04）：131-134.

a 社区主要街道　b 视觉剧场　c 青年艺术空间　d 街道公共空间

1-35　雷默特公园社区

第二章
设计概念生成

本章教学要求与目标

教学要求:

引导学生从设计概念的角度理解文化主题建筑的类型和特点,深入了解文化主题建筑创作中设计概念的重要作用,针对不同类型的文化主题提出适宜的设计概念。

教学目标:

(1)知识目标:了解文化主题建筑设计概念的类型与特点,理解地方性文化主题、纪念性文化主题、艺术性文化主题的基本概念,掌握相关设计理论和典型案例。

(2)能力目标:能合理选取并灵活运用地方性、纪念性、艺术性设计理论指导不同类型的文化主题建筑设计实践,提出适宜的地方性、纪念性、艺术性设计策略和方案。

(3)价值目标:培养学生的文化自信,鼓励学生弘扬地域建筑文化,以创新精神开展建筑创作,实现中国式现代化的建筑文化传承。

本章教学框架

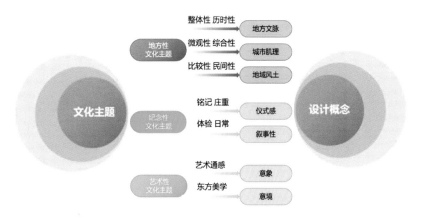

本章引言

什么是设计概念

概念是能够集中反映事物本质特征的一种抽象表现，是逻辑思维的基本单元形式，也是将对事物关系和本源的理解表达出来的过程，是一种从直观具象到普遍抽象并需要实践检验过程的思维运动形式。概念最基本的特征是抽象性和概括性。

"建筑就本质而言是概念或思想的实体化。"[1] 设计概念在很大程度上决定了一个建筑的个性特点和创新性，是建筑设计创作的关键所在。对于"设计概念"，不同的研究给出了不同的描述，如"意向""解决原则""首要创造者""组织原则""一种与设计任务相关的构思的抽象形式""智力创造以及构思结构的形式""被语言具体化并主动地作用于设计""头脑内部的影像"等。就建筑设计创作而言，设计概念也是解决设计问题的核心策略，是建筑成果原初的抽象模型，建筑成果则是设计概念的实体化。明确清晰的设计概念有助于建筑核心价值的提炼与顺利实现。

设计概念集中表达了建筑师的社会认知和价值判断。社会认知与建筑师个人的性格情感、个性化生活体验等差异化经历相关，能赋予建筑设计独特的创造性。价值判断则源自国家、民族、集体等形成的地方文化和集体记忆，从而赋予建筑在地的逻辑性。在《幸福的建筑》一书中，英国作家阿兰·德波顿指出，当我们称赞一把椅子或是一幢房"美"时，我们其实是在说我们喜欢这把椅子或这幢房子向我们暗示出来的那种生活方式。[2] 阿尔布瓦什在《集体的记忆》中描述，"当一群人生活在某一空间中时，他们就将其转变为形式，与此同时，他们也顺从并使自己适应那些抗拒转变的实在事物。他们把自己限定在自己建成的构架之中，而外部环境形象及其所保持的稳定关系成为一个表现自身的思想王国。"[3]

为什么要有设计概念

从概念出发，是一种有效的建筑创作方法。在建筑设计创作中，建筑师需要从设计限制条件和设计愿景出发确定设计任务，抓住设计的主要矛盾和本质特征，通过分析和考察，确立设计的核心目标及主要实施策略。在这一过程中，运用某个核心概念或多个主要概念控制与引领设计方向，能有的放矢地在设计中将概念物质化和空间化，创造性地实现设计目标、完成设计任务。

建筑的设计概念具有重要的价值引领和宣传导向作用。好的设计概念往往符合真、善、美的原则，尊重地方民族特色，弘扬优秀历史文化，表达人类共同的美好情感。通过对设计概念的解读，建筑体验能够更加触动观赏者的内心，引起情感上的共鸣，传达正向的价值观。

---

① 屈米．建筑概念：红不只是一种颜色 [M]．陈亚，译．北京：电子工业出版社，2014．
② 德波顿．幸福的建筑 [M]．冯涛，译．上海：上海译文出版社，2009．
③ 哈布瓦赫．论集体记忆 [M]．毕然，郭金华，译．上海：上海人民出版社，2002．

文化主题建筑的设计概念有哪些特征

首先，文化主题建筑的设计概念应该是明确的。设计概念是对建筑文化定位、社会定位和功能定位的本质理解，是对建筑精神与物质核心需求的回应，也是展开设计创作的初心理念。具有明确的设计概念，是文化主题建筑设计的基础。

其次，文化主题建筑的设计概念应该是统一的。在文化主题建筑设计中，将概念贯彻至设计的各个环节和层面，决定了建筑空间组织、形式逻辑和建构方法，进而推进到建筑空间形态、外部造型、材料构造的处理。遵循统一的设计概念，是文化主题建筑设计的原则。

此外，文化主题建筑的设计概念应该具有可读性。设计师以主观思考形成的设计概念进行创作，设计成果以建筑艺术的形式传达给受众，希望通过受众的解读引起情感上的共鸣。传达具有可读性的设计概念，是文化主题建筑设计的追求。

文化主题建筑的设计概念从何而来

对于文化主题建筑而言，设计概念不是凭空而来的，而是建立在对文化的理解之上的。设计概念的形成过程需要针对一个或多个客观约束条件进行应对，往往需要考虑现实条件，收集区位特征、场地形态、自然气候、自然存在物、人工存在物等背景资料。而文化主题建筑的概念来源不仅包括自然和物质实体等显性素材，还包括社会历史、文化习俗、风土人情等隐性素材。建筑师通常会将城市文脉与地方风土人情、历史人物、优秀传统艺术等广泛的文化资源作为设计概念生成的灵感来源。

本章将文化主题建筑常见的设计概念来源归纳为地方性文化主题、纪念性文化主题、艺术性文化主题三种类型，并通过三个小节分别进行介绍。

第一节　地方性文化主题

表达地方性文化主题，是文化主题建筑创作中设计概念生成的重要来源。文化研究者提出了地方文化研究的三个维度，对地方性文化主题建筑的创作具有重要的参考价值：一是超越地方的文化研究，从文化整体、文化联系、历史过程三方面考察地方文化；二是微观与综合的地方文化研究，重视地方社会历史文化资料搜集整理，然后进行综合研究；三是地方之间的平行研究，重视地方风土类型的考察比较与地方文化互动关系的研究[①]。在这三个维度上，地方性建筑文化研究分别对应于地方文脉、城市肌理和地域风土的相关理论，也成为地方性文化建筑设计概念的来源。相对而言，基于地方文脉的设计概念具有整体性、历时性的特点，基于城市肌理的设计概念具有微观性、综合性的特点，而基于地域风土的设计概念则具有比较性、民间性的特点。

1. 基于地方文脉的设计概念

文脉（context）一词，最早源于语言学范畴，直译为"上下文"，表明语言环境中的上下逻辑关系。在语言系统中，文脉是介于各种元素之间的内在联系，语言单位需通过文脉关系产生意义，而这种关联又构成语言系统，因此从广义上说，文脉是指局部与整体的联系。在人类文化学中，文脉包含着极其广泛的内容，可解释为"一种文化的脉络"，即"历史上所创造的生存的式样系统"。美国人类学家阿尔弗莱德·克洛依伯（Alfred Kroeber）和克莱德·克拉克洪（Clyde Kluckhohn）在《文化：概念和定义批判分析》（*Culture A Critical Review of Concepts and Definitions*）一书中对文化的定义——"文化包括各种外显或内隐的行为模式，通过符号的运用使人们习得并传授，并构成了人类群体的显著成就；文化的基本核心是历史上经过选择的价值体系；文化既是人类活动的产物，又是限制人类进一步活动的因素"[②]——也成为文脉分析的重要依据。

建筑学对文脉一词的借用，突出了建筑与所处的历史环境、空间环境之间的相互联系，以及这种联系在时间和空间上的延续性，并可由此引申为建筑文化的延续。由于自然条件、经济技术、社会文化习俗的不同，环境中总会有一些特有的符号和排列方式，形成特有的地域文化和建筑式样，构成其独特的建筑文脉。意大利建筑评价家恩纳特提出，应该把建筑看作是和周围环境的对话，建筑之间既有直接的物理层面关系，又有历史延续的关系。格雷戈蒂认为，建筑的任务是通过形式的转化展现环境文脉的本质。

对于文脉的研究最早集中在建筑学领域。20世纪60年代，建筑领域开始关注地域特征，重视自身历史传统，当时的文脉主要指特定建筑物所具有的背景和环境的物理形态。文脉主义作为一种哲学和价值观，认为建筑和

---

① 萧放. 地方文化研究的三个维度 [J]. 民族艺术，2012（02）：48-50.
② 冯天瑜，何晓明，周积明. 中华文化史 [M]. 上海：上海人民出版社，2015.

城市只有重视历史和传统特点才能继续生存下去。1971 年，汤姆·舒玛什在《文脉主义：都市的理想和解体》一文中最早提出"文脉主义"一词，他认为对城市中已经存在的内容，无论是什么样的内容，都不要破坏，而应尽量设法使之能融入城市整体中去，成为城市的有机内涵之一。[①] 此后，罗伯特·斯特恩将文脉主义归纳为后现代建筑的核心思想之一，使其成为后现代主义思潮的重要标签。

文脉主义的进一步发展强调人文关怀和价值观念的多元化，推动建筑发展在文化上呈现开放和多元姿态。1978 年，柯林·罗（Colin Rowe）提出"拼贴城市"，认为文脉是分属于不同时间范畴的产物，在城市历史发展的连续过程中，不同时代的沉积的、片段的、微缩的乌托邦式的一系列文脉层层叠加，形成了类似拼贴画的城市肌理，"断续的结构，多样的时起时伏呈现为我们所说的拼贴"[②]。柯林·罗不仅认为城市是拼贴的，还主张用拼贴的设计方法展示一个地区的历史，通过文脉发展的动态过程，为城市公共空间带来变化与活力。他认为设计城市必须由对传统和历史极为熟悉的能工巧匠式的设计师去完成，这种设计师能够充分引用和利用现代的、历史的或不受时间限制的象征、联想和类型，从历史和传统中选择出典型的主题、部件和元素，对其进行发展、变化、错位、移接或重新组合，以拼贴出一个富有历史感的区域（图 2-1）。拼贴城市认可的并非古典意义上明确的秩序美，而是更看重隐藏的潜在秩序，通过这种秩序将混乱的、彼此无关联的元素整合起来，达到一种新的平衡，本质上是对

图 2-1　城市历史地段的文脉拼贴

终极的、纯净的、单向的秩序美学的质疑。同时，"拼贴"也包含着一种"城市生长"的理念，将同质和异质的事物相互并置、融合、转换与组构，对于城市地段整体而言，其实是一个尊重现状的、可持续发展的、有机更新的过程。

从形态学角度分析城市文脉，意大利建筑师阿尔多·罗西（Aldo Rossi）认为"城市本身就是市民们的集体记忆，而且城市和记忆一样，与物体和场所相联。城市是集体记忆的场所。这种场所和市民之间的关系于是成为城市中建筑和环境的主导形象，而当某些建筑体成为其记忆的一部分时，新的建筑体就会出现。从这种十分积极的意义上来看，伟大的思想从城市历史中涌现出来，并且塑造了城市的形式"[③]。阿尔多·罗西从"形态－类型学"的角度探讨城市文脉的继承与发展问题，将城市的要素作为有意义的要素来感知，认为建筑的内在本质是文化习俗的产物，

① 张京祥. 西方城市规划思想史纲 [M]. 南京：东南大学出版社，2005：192-193.
② 罗，科特. 拼贴城市 [M]. 童明，译. 上海：同济大学出版社，2021.
③ 罗西. 城市建筑学 [M]. 黄士钧，译. 北京：中国建筑工业出版社，2006.

表现是表层结构，类型则是深层结构，需要通过潜在的类型来认识建筑；类型可以从历史中的建筑抽取；类型经过简化还原，不同于历史上某一建筑形式，而又具有历史因素，在本质上同历史有某种联系。罗西提出了一种整体看待城市建筑体的视角："场所、建筑、经久和历史这些概念使我们得以理解城市建筑体的复杂性。集体的记忆参与了公共作品之中的具体空间转变，而这种转变总是受到客观现实的制约。从这方面来看，记忆是理解整个城市复杂结构的引导线索，在此意义上，城市建筑体的建筑与艺术不同，因为后者只是为自身而存在的一种元素，而最伟大的建筑纪念物却与城市有着必然的密切关系。"[①]他反对功能主义，认为城市建筑体的结构是由包括记忆本身在内的价值总和所构成的，这些价值与建筑自身的组织和功能没有太大关系，"某种特定功能的作用方式不会改变，或只是根据需要而改变，而在功能和组织需求之间所进行的调解只有通过形式才能实现"。他还关注城市各部分的不同特征及其复杂性，"城市因其不同的部分而形成特征，从形式和历史的观点来看，这些部分组成了复杂的城市建筑体"（图2-2）。这一观点超越了对建筑基于纯粹功能的偏狭和片面的认知，通过理解建筑体所具有的结构上的复杂性，力图将历史和城市生活的连续性建立起来，用形态和图示的语言呈现建筑文脉。

在整体风貌相对统一、周边环境较为完整的旧城或城市历史文化街区，尊重和延续地方文脉，是地方性文化主题需要表达的重要内容，也是设计概念产生的重要来源。在提出设计概念之前，建筑师首先要做大量城市历

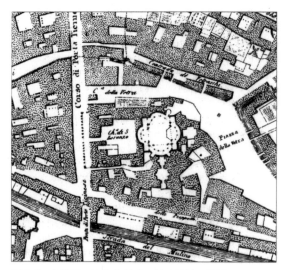

图 2-2 米兰圣·洛伦佐教堂及其周围地区平面图

史演变和空间形态方面的研究，对城市肌理进行深入解读，对各种建筑的类型进行归纳和提取，从建筑与城市的文脉关联中获得启发，寻找共同的文脉元素并对其结构加以解读和提炼，从而生成设计概念。苏州博物馆新馆的设计概念，产生于对苏州古城城市肌理的深刻理解。

【苏州博物馆新馆】

苏州博物馆新馆位于有2500多年历史的苏州古城街区中心，北面毗邻16世纪明代拙政园（联合国教科文组织世界文化遗产），东侧与19世纪的忠王府（全国重点文物保护单位）相接。新馆结合场地特点，整体布局与城市肌理嵌合得浑然天成。从总平面图上看，三条南北向轴线与西侧城市道路和东侧忠王府的南北向纵轴线平行；东、西两条轴线上的建筑采用院落式组合，与苏州古城的合院式住宅相呼应；中轴线上仅有中部的入口大堂，南部留出面向街道开放的入口广场，与外部城市空间尺度相宜；北部则形成以水景为主体的庭院，不仅使游客透过大堂玻璃可一睹

① 罗西.城市建筑学 [M].黄士钧，译.北京：中国建筑工业出版社，2006.

图 2-3 苏州博物馆新馆总平面图

江南水景特色，而且庭院隔北墙直接衔接拙政园之补园，新旧园景融为一体（图 2-3）。新馆内保留了原址上一棵挺拔的玉兰树，经过设计被恰到好处地置于前院东南角。

为了与建成环境中的建筑实体保持空间尺度上的相似，新馆建筑采用分散布局，且将大量功能空间设置于地下，地面以上则整体采用低矮的建筑体量，并将建筑高度较高的部分布置在场地中离拙政园和忠王府较远的一端。建筑的形式语言借鉴了传统的苏州民居和园林的设计手法，使建筑与园林相互交织，融为一体。该建筑采用苏州民居常见的白色灰泥墙和深灰色黏土瓦片屋顶的材质搭配，通过一系列动态的几何折叠，从八角形开始，由三角形、菱形和矩形在中间过渡调整，逐渐上升到屋顶的顶峰，与传统建筑中折叠的屋顶相呼应，"将（传统和现代）两种风格融合到一种新的语言和秩序中，形成一种具有现代性和前瞻性的设计，并希望这能成为中国现代建筑未来的可能走向"。基于这一设计概念，苏州博物馆新馆完善了城市肌理，延续了城市文脉，强化了文化核心区域，整治和改善了历史文化街区的环境。

位于徽文化重要发祥地之一绩溪县的绩溪博物馆，同样从关注城市环境的整体性和文化联系的历时性角度出发，从文脉分析中生成设计概念，充分表达了地方性文化主题。

【绩溪博物馆】

绩溪县曾隶属徽州达千年之久，绩溪博物馆选址位于绩溪县旧城北部。场地周边主要为传统徽州民居建筑，还分布着文庙、绩溪中学、绩溪文化馆和胡雪岩纪念馆等文化类建筑。绩溪博物馆的总平面设计概念来自对旧城街巷空间的延续。该建筑没有采用博物馆常见的集中式布局，而是围绕多重院落和天井消解自身体量，呼应旧城的小尺度肌理。该建筑屋面由相同坡度的多个三角轻钢屋架组合而成，坡度依当地民居屋顶坡度而定，在形态上与旧城建筑风貌相协调。绩溪博物馆的设计基于一套"离而复合，有如绩焉"的经纬控制系统，源自"绩溪"之名与山形水势的触动。原本规则的平面经纬，被东西两道因树木和街巷而引入的弯折自然扰动，如水波扩散一般；整个建筑即覆盖在这个"屈曲并流，离而复合"的经线控制的连续屋面之下，并通过相同坡度不同跨度的三角轻钢屋架，沿平面经纬成对组合排列，加之在剖面上高低变化，自然形成连续弯折起伏的屋面轮廓，仿似绩溪周边山形脉络（图 2-4）。

图 2-4 绩溪博物馆

文脉并非静止或间断反复的，而是随着技术的进步和文化的发展，始终处于一个吐故纳新、自我更替的动态而连续的演化过程中。关注文脉并不意味着落后守旧，尤其在快速发展的城市新区，地标性的文化建筑往往承载着开启城市新文脉的期望，需要对未来的城市环境做出提前预判和响应。

【广州大剧院】

广州大剧院的设计概念来自建筑与城市文脉的对话。这里的文脉是一种超越微观的且具有环境、历史、文化整体性的文脉环境，同时还具有面向未来的前瞻性。设计师在谈到广州大剧院创作时曾说："大剧院如同一对优雅的砾石坐落在珠江河畔，体现了城市从历史走向未来的历程。"建筑的内部、外部直至城市空间被看作是城市意象的不同但连续的片段，通过刻意的切割与连接，使建筑物和城市景观融合共生（图2-5）。建筑"圆润双砾"的艺术形象所体现的开放性、流动性，"与亘古流淌的珠江水相得益彰，体现

了地域文化的精神内涵"。

【宁波博物馆】

宁波博物馆的设计思想同样来自对建筑所处环境未来发展的思考。场地选址于宁波城市边缘扩张区，要在约4.53平方公里的用地上建造一座3万平方米的大体量建筑。这里之前曾是一片由远山围绕的平整农田，原来在这片区域的几十个美丽村落已经被拆除，留下许多残砖碎瓦。场地东侧已经建成体量巨大的政府办公楼、文化中心和大型文化广场。南侧不远处规划的几十座高层建筑即将兴建。规划道路异常宽阔，相邻建筑之间的距离超过100米。原有的稻田和村落肌理已经被巨大空旷的城市尺度所替代。

建筑师将无法修补的城市结构问题转化为将博物馆设计为一个有独立生命的物体，并重新向自然学习，决定造一座垂直的"大山"，将对城市模式的研究融入其中。[①]建筑师自觉将建筑高度控制在24米限高以下，以一种

图2-5　广州大剧院

① 王澍，陆文宇.宁波博物馆，宁波，浙江，中国 [J].世界建筑，2015（05）：110-111.

低城的姿态，存在于人工环境和天然环境之间。建筑下半段是一个简单的矩形盒子，裂开的上半段被塑造成一座山的片断，带着被人力切割的方正边界，同时又具有山的连绵感，意味着有生机的城市结构也应该是连绵的（图2-6）。建筑表面呈现出多样化，覆盖了大量从该地区被拆除的数十个旧村庄中抢救出来的精美砖块和瓷砖的马赛克，体现了设计师的意图——"建一个拥有生命力的小镇，可以再次唤醒城市的潜在记忆"。

2.基于城市肌理的设计概念

不同的材质会呈现不同的肌理，不同的城市也会有特殊的城市肌理（图2-7）。城市肌理是在二维状态下呈现的，易为视觉观察的宏观尺度上的城市实体或城市空间所呈现出的规律性形状特征。[①] 形成城市肌理的主要要素包括物质实体和开放空间。物质实体主要是具有一定空间体量的城市建筑物、构筑物等，开放空间则主要指没有明显体量的开放区域，如水域、广场、道路、交通轨道等。每一个

图2-6 宁波博物馆

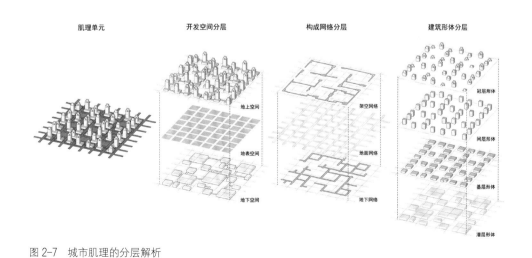

图2-7 城市肌理的分层解析

---

① 刘云.城市地标保护与城市文脉延续：以美国地标保护为例 [D].北京：中央美术学院，2017.

城市的城市肌理都各不相同，城市肌理的差异表现在城市形态、路网、街区、建筑尺度、组合方式等方面，往往体现出城市的自组织性和复杂性等诸多特征。城市肌理的形成和演变受到自然、经济、人文、政策等多方面的影响，反映生态和自然环境条件长期作用形成的空间特质，也反映城市所处地域环境的文化特征，具有一定的内在连续性。

城市肌理与文脉有密切的关系，体现了城市在时间和空间上的延伸和发展，城市肌理的完整性承载了文化脉络的延续。但与源自地方文脉的设计概念不同，基于城市肌理的设计概念更加重视微观与综合的地方文化研究。尤其在城市更新中，建筑常常会遇到城市风格不统一、周边环境差异很大的选址问题，文化主题建筑设计要面对不同历史时期留存的城市肌理冲突。在这种情况下，对城市肌理的冲突进行拼贴和修补，营造新的城市微观环境，也可以成为地方性文化主题建筑设计概念的来源。这里的拼贴可被视为一种设计策略，把不同的元素重新整合，可以真实、动态地展示一个地区的复杂文脉。深圳大芬美术馆的设计，就是在对城市肌理深入解读的基础上，生成了对场地冲突进行拼贴、修补的设计概念。

【深圳大芬村与大芬美术馆】

大芬美术馆所处的深圳市大芬村，与大部分城中村一样，是由许多单栋建筑构成的街区，密集排布构成矩阵式的城市肌理，平面图布局类似棋盘格（图2-8）。这一脱胎于村落的原生形态与周边开发的大尺度小区几何格网的肌理产生冲突。同时，作为"中国油画第一村"，大芬村的肌理又具有独特性。它的建筑间距比一般城中村更大，并未出现间距很小的"握手楼"，道路也更宽，有宽街和窄巷两种尺度，宽街6米可行车，窄巷2米可行人，格局清晰，排列整齐。宽街和窄巷中分布着油画作坊，四面临街的建筑物具有极大的商业潜力和灵活性。这种作坊的画室一般位于单体建筑的底层，面向街道开放，既是生产和创作的场所，又是展示和销售的空间。村民生活与作坊紧密结合，互不干扰。高低错落的屋顶轮廓、高而窄的内部街巷，形成既有活力又宽松祥和的环境气氛。基地四周则是大芬村旧村、新村、高层住宅小区和学校，这几个外部节点的连线构成了美术馆基地的边界。由于长期以来各片区处于无明确规划的自我发展状态，基地周边的建筑凌乱分散、混杂无序。

图2-8　深圳大芬村城市肌理与街巷空间

图 2-9　大芬美术馆与周边城市环境

建筑师发现大芬村有着"迷你纽约式的城市结构和类似阿姆斯特丹展示窗区的街巷体验"，这种高密度村落的聚居形态与外部无特色的、庞大且快速运转的城市之间存在巨大的差异。大芬美术馆设计提出"倒置的城中村"概念，重新诠释大芬村的建筑肌理。面对四周复杂的环境，整个建筑采用"夹心饼"式的构成，首层是开放式油画展销厅，面向广场，有独立出入口，与大芬村沿街的油画展销空间连成一体；二层艺术展厅以一个连接基地边界的多边形体块呈现，以减弱片区内堆积的建筑个体游离混乱的程度；展厅内部则由多个大小不等、明暗交替、高低变化的"方盒子"分隔、组合成展示空间。这些方盒子既有采光的独立展厅，也有从屋顶垂下的采光井，人们在展厅中的游走类似于在大芬村街道中的体验。三层屋顶是公共庭院和咖啡厅、艺术工作室，既可服务于美术馆内部，也方便到此游玩的市民。庭院通过南、北、东三座桥联接基地周边的建筑，可以从多个方向穿越，同时也能增强人们的聚集和各种活动的向心性（图 2-9）。"在大芬村这个几乎最不可能出现美术馆的地方，我们通过一种强制嫁接的方式，希望它既能容纳当代艺术最为前卫的展示，又能兼容原生的新民间的大众艺术方式的介入。它是一个高度混合的场所，油画卖场、艺术展示、艺术家工作室、茶室、咖啡店与电影放映多种内容的引入，会更加强化其与大芬村及周边社区生活的融合。"[1]

3. 基于地方风土的设计概念

中国文化建筑在地域性表达上常用到"风土"一词。"风土"是一个地方环境气候和风俗民情的总称。"风"指"风习、风俗、风气"，"土"指"水土、土地、地方"。一方水土养一方人，在中国历史的演进中，一切文化本体都来自特殊的风土源头。《诗经》开篇的"国风"就是表达周代十五国各自地方风气及其韵味的民间诗歌。风土是中国古代观察地方文化的重要概念，是对地方特定环境、人文与历史的综合描述。风土不仅是自然的风

① 孟岩."城中村"中的美术馆　深圳大芬美术馆 [J]. 时代建筑, 2007 (05): 100-107.

土，还是人文的风土，历史的风土。地方风土制约着人们的生计方式，影响着地方历史文化传统的传承与发展。在一定程度上说，正是特定地方的风土特性决定着特定地方的文化个性。^①风土在语言学上的含义类似于方言，与乡土相似，都侧重于民间。但乡土与农耕文化的联系更加紧密，而风土的含义更广，侧重城乡聚落的文化气息。

风土建筑是一种与人类活动紧密相关的、复杂的历史性产物，其变迁既包含自然更替，也包含人为干预（包括遗产实践中的本体存续和活化利用）。现代语境中"风土建筑"一词的内涵，首先是指相对于人工城市而言展现人类自然聚居形态的概念，在建筑中描述对立于正统建筑（formal architecture）的那类建筑风格^②，包括历史和传统风土（属于历史和传统建筑范畴）和当代风土（属于非历史和传统建筑范畴）两层含义，分别对应城乡民间建筑^③。风土建筑不仅是新型、活态的遗产类型，还是国家、地域、民族、民系历史身份的本真载体，蕴含着对当代及未来建筑创意不可或缺的传统文化基因。因为它来自语言传统的文化性视域，所以可以突破通常意义上按照行政区划无法囊括横跨城乡间的民间建筑的困境。

对风土建筑的理解，可借鉴自然地理、文化地理、人类学等学科的研究方法，尤其是气候、地貌及民族、语言等要素与建筑因应特征及其风土区划的关系。风土建筑学理论强调从风土营造的地理分布入手，适当参照方言、语族地理分布的风土建筑区划，以地理、

气候、民俗、匠系异同为主要分类和样本采集依据，从文化和技术两个层面对风土建筑在环境气候和文化风习的地域差异背景下所表现出的典型因应特征进行分类研究，包括勘地、选材、结构体、维护体、空间构成、群落布局等方面的地理与气候因应特征，以及匠系、仪式、场景、象征等方面的风习因应特征，并以此为基础按风土区划的谱系做出相应的图谱系列，将典型地域传统建筑的风土特征连贯成以地理气候和文化习俗为参照的主线脉络，并以图谱的形式呈现出来。风土建筑的谱系特征显示了其在环境和文化变迁中的适应和选择方式，包括在地理、气候和习俗等的综合作用下所呈现的"在地"形态和从地方匠系中提取出的"低技术"策略。基于风土特征样本和特征图谱，风土建筑学更侧重于研判其作为风土遗产内核的保存与活化方式，即具历史环境再生意义的生态化演进方式，以及在当下建筑本土化中的借鉴和转化方法。^④风土建筑学开启了从使用、材料、气候、地域环境以及可持续等角度进行的跨文化的建筑综合研究，以建筑学和人类学、文化地理学交叉的视野，田野调查和遗存实录的方法，探究风土建筑的环境适应方式、因应特征、匠作系统、建造仪式及民俗节场等命题，并将其部分地纳入建筑本土化的语境。

风土建筑学是20世纪下半叶以来建筑学研究的一个重要转向，以1964年在纽约现代艺术博物馆举办的"没有建筑师的建筑"（Architecture without Architects）展览拉开序幕。策展人奥地利建筑师伯纳德·鲁

① 萧放.地方文化研究的三个维度[J].民族艺术，2012（02）：48-50.
② 潘玥.风土：写在现代的边缘：探索现代风土建筑理论流变的历史[J].建筑学报，2023（01）：82-89.
③ 王骏阳.20世纪下半叶以来的3个建筑学转向与"风土"话语（上）[J].建筑学报，2022（07）：73-79.
④ 常青.风土观与建筑本土化 风土建筑谱系研究纲要[J].时代建筑，2013（03）：10-15.

道夫斯基（Bernard Rudofsky）在其同名著作《没有建筑师的建筑》中表达了向"非正统"的风土建筑学习的强烈意图。

20世纪60年代以来，建筑师开始将风土建筑中的建筑语汇转译到现代建筑语言中，这反映了风土作为"另一种现代"（the other modern）的影响力，使风土建筑学成为批判现代主义建筑失去地域性的重要理论。向地方风土建筑遗产学习，解析其适应环境的构成方式和"低技术"建造智慧，以及具有文化意义和价值的风俗、场景、仪式等，有助于反映建筑本质的环境因应特征，进而尝试保留住一个地方特有的建筑文化基因。

向风土建筑遗产学习，需要用平视的眼光进行地方与地方之间的平行比较研究，才能把握不同地方的文化特性。将地方风土作为设计概念的出发点，推崇以构造为核心，以地形地貌形成的"地脉"和加入时间因素的"地志"为设计依据，同时考虑与房屋营造、使用中的仪式和场景相关联。只有深入地方社会内部进行微观研究，充分发掘地方文化的资料蕴藏，通过大量的文献档案材料、口头访谈资料与考古资料的专题整理与综合研究，才有可能抓住地域风土建筑遗产的表象和本体关系，研判其作为风土遗产内核的保存与活化方式，探寻地方风土建筑在环境和文化变迁中的适应和选择方式，进而在此基础上以辩证、开放和积极的态度和策略选择其保存方式，探索其在当代建筑本土化演进中的借鉴和转化方法，才能使本土化建筑真正具有扎根本土的内在生命力。建筑师查尔斯·柯里亚从印度传统风土建筑中汲取养分，其作品体现了深厚的地区文化根基。他从印度

乡土民居中提炼设计手法，并运用于公共文化建筑，非常重视建筑的轮廓线，如水平展开、单元增长、顶上篷架、大台阶的空间引导、自然轮廓线等。在他的作品中，印度本土绘画、雕刻、造园等手法也都得到了充分的表现。

【印度巴哈汶艺术中心】

巴哈汶艺术中心（Bharat Bhavan）的设计概念就来源于印度村落"漫游式的迷宫曲径"。正是由于生活中的印度人总是在不断运动着，才会产生印度传统公共建筑（集市）的"漫步建筑学"的手法，最重要的建筑体验是在运动过程中产生的，这样的空间可以开启人的心灵并向人的内心沉淀，引起了人们对周围社会环境和人类自身的关注。[①] 在巴哈汶艺术中心，建筑师精心设计了漫步式的行进空间，串联起可俯瞰博帕尔湖的屋顶花园平台（图2-10）和一系列围绕着文化设施的不规则的下沉庭院。整个建筑充分利用地势起伏巧妙组合建筑体量，给人一种"非建筑"的感觉，通过对印度乡村和街道的隐喻，使人们在真实生活环境氛围中欣赏和领略民间艺术的美妙。在印度温暖的气候下，人们在清晨和傍晚最好的去处是室外。柯里亚在巴哈汶艺术中心中没有采用封闭式的建筑空间，而是创造了"向天空敞开的空间"（图2-11）。下沉式庭院在炎热的午后为人们提供了遮阴处，高起的露台则在早晚较为凉爽的时候为人们提供清新的空气和开阔的视野。这种地方性策略受到莫卧儿王朝伊斯兰建筑的庭院和露台的启发，是直接从印度民间的历史建筑中汲取灵感而产生的设计概念。

21世纪以来，风土建筑学也成为地方适应性建筑重要的理论来源，并为设计实践提供了

---

① 朱宏宇. 从传统走向未来: 印度建筑师查尔斯·柯里亚 [J]. 建筑师, 2004 (03): 45-51.

图 2-10 巴哈汶艺术中心花园平台

图 2-11 巴哈汶艺术中心庭院

来自民间的参考依据。在地理、气候和习俗等因素综合作用下形成的"在地"形态，以及地方匠系中提取出的"低技术"策略，成为具有可持续性的地方适应性建筑设计的典型策略。新形态的风土建筑设计概念主要来自低技营造意匠传承、生态因应特征模式优化、传统营造技术实验性利用等。

【新喀里多尼亚芝贝欧文化中心】

位于南太平洋新喀里多尼亚的芝贝欧文化中心（Tjibaou Culture Center）是从当地卡纳克文化中获得设计灵感的案例。卡纳克人在该岛上居住了 4000 多年，海水、蓝天和松林构成了卡纳克文化所依托的岛屿生态系统和景观天际线，也孕育了当地的文化和喜欢群居的居住方式。各种自然要素——风、鸟、石头、植被、阳光、树影等，形成了地方风土产生的环境。

场地东、西两面临海，植物茂密，尽管是为纪念国家民主和平运动领袖芝贝欧（Tjibaou）而建，但建筑师没有将文化中心设计成单一的纪念性建筑，而是从当地岛屿文化的人类学模式出发，将建筑分解为 10 个大小不同的圆形"棚屋"（图 2-12）。被称为"容器"的现代棚屋，高低不等，有不同的主题，沿着微曲的廊道一字排开，形成了不同机能的类似村落的空间。"容器"的构造从当地原始棚屋用棕榈树苗制成的木肋结构中受到启发，采用现代技术加以改进，木肋之间用不锈钢与木材交接得严丝合缝。木肋呈弧线形高挑着向上收束，建筑外形似张开的船帆，面向海天自然舒展，其造型与原始棚屋有着异曲同工之妙。

基于岛屿炎热的气候特点，芝贝欧文化中心采用被动制冷系统进行控制。这套系统曾在计算机上多次模拟，并进行过风洞实验。每个"容器"开放性的外壳将来自海上的风传递到室内，气流通过天窗百叶的开合进行机械控制，从而改善室内的风环境。结构体系不仅考虑了形式的需要，还综合考虑了抵抗飓风和地震的需要，木肋之间的水平构件有助于减弱高处风力对建筑物的影响（图 2-13）。风穿越了开放外壳的木肋，赋予"棚屋"卡纳克村落和森林的"噪声"。[1]

---

① 马笑漪 . 海天之恋: TJIBAOU 文化中心，新卡里多尼亚 [J]. 世界建筑，1999（03）: 62-66.

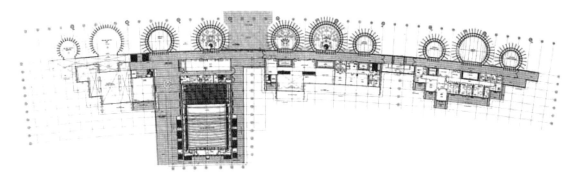

图 2-12　芝贝欧文化中心平面图

图 2-13　芝贝欧文化中心外立面

近年来，我国乡村振兴的发展，为广大乡村地区的文化建筑设计实践带来了前所未有的时代机遇。向风土建筑学习，传承地方和传统的文化基因，已经成为当代中国建筑师的共识。"环境的本质是家园感，环境美学不仅是欣赏环境的学问，更是欣赏生活的学问。"[①] 传统村落内核的美学价值存在于原发的、原始经验性的居民生活之中，如果脱离了这些存在者鲜活的生活，传统村落就失去了最核心的"意蕴"。在此背景下，建筑师应以"谦和"的态度在深入理解当地居民审美思想、审美习惯的前提下，介入乡村现代建筑的更新。位于湖北省恩施土家族苗族自治州宣恩县的中国土家泛博物馆项目，以向当地乡土民居学习的"谦和建筑"的设计概念，成为中国当代风土建筑的优秀案例。

① 陈望衡. 环境美学是什么？[J]. 郑州大学学报（哲学社会科学版），2014，47（01）：101-103.

文化主题建筑设计

【湖北恩施土家泛博物馆项目】
宣恩县龙潭河畔的彭家寨是全国重点文物保护单位和国家级历史文化名村。该寨保存良好，但其周边的土家族村寨却遭到了严重的建设性破坏。土家泛博物馆项目规划以彭家寨为中心，串联龙潭河畔的9个土家族村寨，让土家族农民的生产、生活及农业景观均成为博物馆的活态展示内容，并将旅游业与有机观光农业相结合，吸引外出打工的村民回村参与新农村的建设。

武陵山区的土家族人，无论是日常饮食、劳作，还是节庆中的舞蹈、戏剧等生活实践内容均表现出独特的生活态度。土家族人将生产劳作、狩猎等肢体动作进行美化组合，形成了极具特色的民族舞蹈，用于祭祀和庆典等节庆活动。基于对生活美学的理解，土家泛博物馆强调当地居民的生活需求优先于外来人群的旅居需求，当地居民的审美感受优先于外来人群的审美感受。在设计中优先考虑在集散中心等地修建居民使用的公共场所，以此满足日常休闲及传统节庆活动，不仅再现了居民原真的生活场景，也让游客在参与节庆舞蹈的过程中体验到土家族人的生活美学。此外，还以散点的方式将文娱空间布置于土家泛博物馆内，以此复兴当地文娱传统，为当地土家族人的工艺生产、商贸活动、饮食节庆、歌舞娱乐等本真生活内容提供承载的场所。这不仅保护了这片土地的乡愁和信仰，更丰富与延展了居民的生活趣味以及娱乐方式，并将其不加渲染地进行真实展示。

土家泛博物馆项目包括游客中心、建筑研学营、廊桥、观景塔等6座单体建筑。主体建筑均采用现代胶合木结构，以同源质料向土家传统建造技艺致敬。在大跨度胶合木结构中，不遮掩钢节点，希望通过对力学和材料逻辑的真实展现，呼应传统土家建筑诚实的构造表达，同时彰显时代精神。为了与环境相协调，建筑采用与群山有一定呼应、起伏变化大的屋面（图2-14）。为了与微地形相协调，建筑地面采用层层退台方式，顺坡渐变，将室内地面分为不同的标高，使其形成丰富的竖向空间。为了呼应土家族传统吊脚楼依据保护墙面的逻辑而形成的"出檐深远"和"屋角起翘"的潇洒形象，建筑屋角主梁采用超长悬臂，建筑外墙在屋顶下部内凹，形成强烈的阴影，使得巨大的屋顶产生轻盈的漂浮感（图2-15）。土家族传统吊脚楼作为风土建筑的一种样式，体现了地方文化基因跨时代的延续。设计将若干土家族传统吊脚楼直接插入具有当代性的建筑外墙，使新、旧立面要素之间产生强烈的张力。立面上的传统吊脚楼不仅是立面造型要素，同时还可以作为观景平台使用。

图 2-14 土家泛博物馆建筑研学营

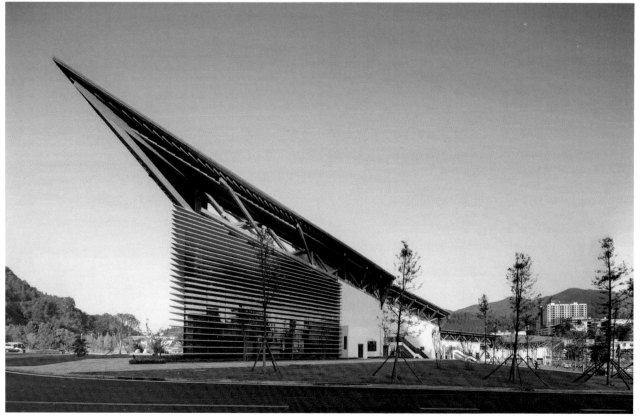

图 2-15 土家泛博物馆游客中心

第二节　纪念性文化主题

表达纪念性文化主题，是常见的文化主题建筑生成设计概念的来源之一。除了满足基本的功能性要求外，不少文化主题建筑都具有纪念性意义，常常还会提出一个明确的纪念性主题，并以此为基础和前提，进行纪念性空间的塑造。纪念性空间不仅是物质空间的产物与存在，也是精神文明的创造与升华之处。恰当的纪念性空间能够丰富建筑的历史底蕴，起到陶冶情操、凝聚共识、传递价值、激发情感的作用，有助于建筑和环境整体文化水平和精神气质的提升。

纪念性空间与纪念性建筑有紧密的联系。《中国大百科全书》（建筑、园林、城市规划卷）将"纪念性建筑"定义为"为纪念有功绩的或显赫的人或重大事件以及在有历史或自然特征的地方营造的建筑或建筑艺术品。这类建筑多具有思想性、永久性和艺术性"。童寯在《外国建筑史话》中对纪念性建筑有一个概括的诠释："纪念性建筑……顾名思义，其使命是联系历史上的某人某事，把消息传到群众，俾使铭刻于心，永矢勿忘……以尽人皆知的语言，打通民族国界局限；用冥顽不灵金石，取得动人的情感效果，把材料和精神功能的要求结为一体"。这一表述强调了纪念性建筑的情感价值和精神功能。齐康先生在《纪念的凝思》一书中将纪念性建筑分为三种情况：第一种是专门用作纪念历史事件的事和物，如历史上的凯旋门、方尖碑、骑马铜像或是纪念人物像的雕塑和浮雕；第二种是现有的建筑物和遗址，它们大多经历了长久的岁月，当人们怀念着历史纪念它们时，那么这类建筑物和遗址就成为有纪念性

的建筑，如淮安周恩来纪念馆、吴江黎里柳亚子旧居都是有意赋予其纪念的性质；第三种不妨称之为纪念风格建筑，历史上，特别是在欧洲古典主义建筑时代，那时的建筑师崇尚古典文艺复兴及古希腊罗马风，为此，建筑的造型常常具有庄重的纪念性和永恒的特点，这种风格常常在一些公共建筑中得到了艺术的表现，如政府大楼、银行、图书馆等建筑类型，人们有时会说，这些建筑有点纪念性。虽然现代建筑的手法已不再沿用这种方式，但建筑的比例、风格却往往带有这种特点，造型虽然十分简洁，但熟悉建筑的人们仍称这样的建筑有点纪念性，可见纪念性建筑有其特性和特殊的风格。由此可见，纪念性建筑并不是某种固定的形式，能够辨识的更多的是一种纪念性风格，其核心是凝聚其中的纪念精神。

纪念精神投射在空间上，便形成了纪念性空间。广义而言，所有用于表现历史记忆及其情感和精神的空间，都可以称为纪念性空间。原始仪式空间是纪念性空间的雏形，此时的纪念性空间一般具有模糊的中心性，对自然神的崇拜则构成了图腾柱等纪念性构筑物。宗教与封建时代的几何形式是纪念性空间成熟的标志，不仅有明确的中心性，还有对多种几何形式母题图式的应用，构成单体或者复合的空间序列，用中轴线、中心对称、十字轴线作为纪念性空间的主次结构骨架。这个时期的纪念性空间呈现一种稳定而成熟的状态，有一些纪念性空间有非常繁复的多层次结构。现代主义以后，大量的城市公民能够参与到城市纪念性空间的体验和批判中，

对纪念性空间的需求和创作手法也因此而丰富，出现了以非对称性为代表的现代形式语言的纪念性空间，同时古典主义的形式语言也与现代建筑材料和建造技术相结合，来塑造纪念性空间的庄严感。

第二次世界大战后，丰富多元的文化意识与思想感情对纪念性空间的创作产生了爆炸式催化作用，结合对战后一系列社会问题的反思，纪念观念出现了变革，也使纪念性空间的设计进入新的阶段。一方面，人们意识到纪念性空间未必需要永恒长存，因而纪念性空间中出现了大量临时性装置和以前很少出现的轻质材料；另一方面，为单纯的功能性建筑赋予纪念性，通过纪念性空间的塑造提升文化内涵，丰富空间体验，带动旅游和消费。纪念性文化主题的生成取决于被纪念的对象，可以表达对伟大人物精神品质的敬仰，或是对历史事件的追述再现，也可来自对集体记忆和共同情感的价值传递等。纪念性文化主题建筑经历了从早期宏大壮观的仪式感空间到近年来更加微观细腻的情感叙事空间的演变，也分别围绕仪式感和叙事性产生了不同的设计概念，进而发展出多样化的设计策略。

1. 基于仪式感的设计概念

纪念性空间具有重要的社会意义。一是对历史事件或重要人物崇高价值的强调。纪念对象之所以被纪念，必然是因为其在某方面的重大价值、突出成就或特质为社会意识形态认可并推崇，这种价值曾在历史洪流中通过个人行为绽放，产生了跨越时代的影响力。纪念的动机便产生于这种意识认同之中，通过纪念性建筑重申这些崇高的价值观念。二是对社会共同价值观的宣传和教化。以宣传弘扬红色文化主题而大力兴建的红色纪念性建筑，属于我国一种重要的公共文化建筑类型，不仅在公共文化服务体系中占据着重要的位置，建筑本身还以承载、传播红色文化为主要功能属性，同时承担着传播红色文化的重要功能。

仪式感空间是传统纪念性空间关注的重点。仪式是对具有宗教或传统象征意义的活动的总称。不同于一般的活动，仪式活动带有主体的信仰及内心情感活动。由于仪式具有很强的象征意味，在仪式活动进行中会激发主体产生相应的仪式感。仪式感作为一种心理状态，是仪式在精神层面上的深入，是人们置身于仪式活动中，受到仪式的熏陶，达到知行合一高度时的心理状态。随着仪式规律性活动的举行，仪式感作为记忆植入内心，一般的生活经验或社会活动同样可以激发内心仪式感的爆发。它不仅仅代表"信仰"一种情感，也代表着敬畏、尊重、正义、道德、庄严、神秘等情感。

举行仪式的载体空间被称为"仪式空间"，仪式感空间不一定是固定的仪式空间。仪式空间更多强调的是承载和举行仪式的功能，而仪式感空间更多强调的是空间能带来的心理感受。仪式空间作为仪式行为的功能空间，只有在仪式行为发生时才成为仪式空间，而仪式感空间可以脱离仪式活动和表演单独存在。仪式感空间强调仪式空间特有的氛围，通过空间形态、布局以及环境渲染等方式来表达一种心理暗示，给人带来一种超日常的礼仪性和严肃性的心理感受，从而建立空间与精神的联系。

在对仪式感空间的塑造上，古典主义的形式美学原理是重要的设计依据。仪式感空间对形式美的追求自古有之。古典建筑形式美原理探究了建筑给人们以视觉美的一般规律。形式美学将建筑的各种构成要素如墙、门、窗、台基、屋顶等的形状（及其大小）抽象为点、线、面、体（及其度量），建筑形式美法则就表述了这些点、线、面、体以及色彩和质感的普遍组合规律。《建筑形式美的原则》将建筑形式美学原理归纳为统一、均衡、比例、尺度、韵律、布局中的序列、规则的和不规则的序列设计、性格、风格、建筑色彩等，对建筑的个体、群体、室内、外观的形式美法则做了具体阐述。古典形式美法则在现代纪念性建筑中仍然适用，其中有一些法则还由于材料和技术的变革获得了进一步的拓展。现代主义建筑延续和发展了古典主义的形式美学法则，使形式美学原理与现代建筑的功能、结构、材料相结合，拓展了古典主义形式美学的应用场景，适应了新的社会需求和技术发展。在表达仪式感空间的纪念性主题时，文化建筑仍然会将古典主义的形式美法则作为基本的美学设计原理之一，由此形成纪念性主题的设计概念。

古典主义的审美认为，伟大的艺术是把繁杂的多样性变成高度的统一性。圆形、正方形、正三角形这样一些简单、肯定的几何形状，具有抽象的一致性，是统一和完整的象征，因而可以产生美感。虽然现代主义建筑突破古典建筑形式，出现了多种不规则的构图法则，但有时仍然借助简单几何图形来达到构图上的完整统一（图2-16）。对于比较复杂的建筑，要达到统一的美学效果，一般是建立并强化次要部位对主要部位的从属关系，同时也可以让构成一座建筑物的所有部位的形状和细部取得协调。

如果纪念对象是具有重大意义的历史事件或在某个领域做出突出贡献的重要历史人物，设计创作往往会要求作品具有一定的仪式感，以此反映历史事件的历史地位和社会影响力，展现纪念对象在相关领域做出的杰出贡献，表现历史人物的优秀品质、精神特质、重要经历等。尤其是红色纪念性建筑，纪念对象是长期革命战争形成的一系列的革命文献、文物、文艺作品、革命战争遗址、纪念

图2-16　法国卢浮宫玻璃金字塔

地、根据地、领袖人物故居等，弘扬凝结在纪念对象中的革命精神、革命传统和文化氛围等，需要通过塑造宏大庄重的仪式感对参观者进行宣传教育，激发参观者的爱国情感和对历史人物的赞扬崇敬。仪式化的纪念性建筑在形式美学上大多追求庄重严肃的视觉效果，采用主从有序、均衡稳定、对比鲜明、序列严谨的古典美学构图原则。

【江苏淮安周恩来纪念馆】

以江苏淮安周恩来纪念馆的设计为例，其创作主旨是将纪念馆建筑作为纪念周恩来总理的一座丰碑，以缅怀这位伟人一生为人民的无私奉献精神和高尚品格。1986年，中宣部在建馆批复文件中就确立了"讲究宣传实效，使老一辈无产阶级革命家的革命精神发扬光大"的指导思想。在项目选址过程中进行场地比较时，位于市中心的几处"黄金宝地"因涉及居民拆迁、工厂搬迁或占用市民体育场，不符合对人物"大公无私"精神的理解而被舍弃。遵循不迁民、不扰民、不建围墙的原则，最终纪念馆选址于城东北的荒地沼泽桃花垠（图2-17）。该项目采用人工挖湖建岛的方式，将纪念馆及周边水域规划为一座

人民公园，开阔的水面和开放性的建筑形象地反映了周恩来宽广博大的胸怀和平易近人的品格。对于主体建筑的设计，创作组的建筑师们经过讨论达成共识——"以建筑为主题，其本身就具有象征性，是一座永恒的、纪念性、艺术性的纪念馆，简洁、明朗地显现周恩来总理的伟大形象，体现作品性格，表现地方性、民族性和世界性。"[1]主馆是整个建筑群的核心，平面由正方形切去四角形成正八边形，建筑形体规则方正，具有纪念碑式的体积感和空间感，代表周恩来正直、中和、方正的人格风范。独立于四角的立柱巍然屹立，激发人们对国之柱石的崇敬之情。屋顶采用方锥形顶棚，像中国古代陵墓和古埃及金字塔，让人感到庄重、肃穆（图2-18）。

古典形式美学强调视觉艺术中的均衡，根据均衡的原则处理建筑构图中各要素前后左右之间的轻重关系。均衡是指在观赏对象均衡中心或者视觉焦点的两侧，视觉趣味的分量是相当的。均衡带来的审美愉悦，与人眼浏览物体的动作特点有关，因此现代建筑也非常重视通过设计达到视觉均衡的效果。视觉均衡包括对称均衡、不对称均衡和动态均衡。

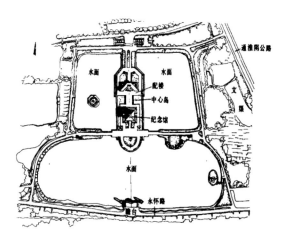

图2-17　周恩来纪念馆总平面图

图2-18　周恩来纪念馆前举办纪念周恩来同志诞辰100周年活动

---

① 齐康. 象征不朽精神　寄托无尽思念：淮安周恩来纪念馆建筑创作设计 [J]. 建筑学报，1993（03）：24-28.

对称本身就是均衡的。由于中轴线两侧必须保持严格的制约关系，所以凡是对称的形式都能够获得统一性。采用对称的组合形式获得完整统一的案例很多，如中国古代的宫殿、佛寺、陵墓等建筑，几乎都是通过对称布局把众多的建筑组合成统一的建筑群。在西方，特别是从文艺复兴到 19 世纪后期，建筑师几乎都倾向于利用均衡对称的构图手法谋求整体的统一。当对称形式不能适应现代建筑复杂的功能要求时，现代建筑师常采用不对称均衡构图。这种构图形式，因为没有严格的约束，所以适应性较强（图 2-19）。

图 2-19 理查德医学研究中心

现代建筑理论强调时间和空间两种因素的相互作用和对人的感觉所产生的巨大影响，加强了形式美学中的动态均衡原则。动态均衡的仪式感往往来自对行进路线的视觉设计，在运动路径中突出视觉焦点。随着工程技术的进步，现代建筑师不再受下大上小、下重上轻、下实上虚的审美原则的约束，创造出具有动态均衡的建筑形式。

【武昌辛亥革命博物馆】

同样表现宏大主题的辛亥革命博物馆，在充分认知辛亥革命历史意义的基础上，提出将博物馆建筑作为武昌首义纪念区城市设计的

重要节点空间，考虑辛亥革命百年纪念活动的场所和空间序列要求，将建筑中轴线与首义纪念区的城市中轴线重合，建筑外的纪念广场采用对称式布局，进一步强化城市尺度的标志性场所，创造了宏大、庄重、激昂的纪念性空间。在空间布局上，博物馆采用了对称均衡的古典美学原则，建筑造型简洁有力。以主入口和主体纪念大厅为建筑中轴线，在中轴线形成建筑的中心制高点，其他空间在中心两侧对称布置（图 2-20），由近至远水平延伸，塑造了高识别性的"V"字形象。入口处近 45° 的向上悬挑，使制高点以锐角形象刺向蓝天，具有极强的视觉冲击力（图 2-21）。动态均衡的建筑体量通过虚实对比的手法和凹凸变化的造型形成阴影效果，塑造了稳重、大气的形象，材质、色彩、明暗的强烈对比，也从侧面呼应了辛亥革命时期革命斗争的激烈。

仪式感空间往往也可以借助某一母题的重复再现，通过加强整体的统一性而实现。随着建筑工业化和标准化水平的提高，这种手法已得到越来越广泛的运用。一般说来，重复或再现总是与对比和微差、韵律和节奏等手法结合在一起，才能获得良好的效果。对称的格局就是元素以两两重复、成对出现的方式组合而成。西方古典建筑中对称式的建筑平面，通常表现出沿中轴线纵向排列的空间以对比求变化，沿中轴线横向排列的空间以重复求统一的特点，如哥特式教堂中央部分就是不断重复和再现飞扶壁这种尖拱拱肋结构而获得整体的形式美感。现代建筑有意识地选择同一形式的空间作为基本单元，通过有组织地重复和再现，也能获得极好的美学效果（图 2-22）。

比例和尺度也可以用来塑造仪式感空间。公元前 6 世纪，古希腊的毕达哥拉斯学派认为

图 2-20　辛亥革命博
物馆正立面

图 2-21　辛亥革命博
物馆西立面

图 2-22　萨尔克生
物研究所

071

万物最基本的元素是数，数的原则统摄着宇宙中的一切现象。该学派运用这种观点研究美学问题，提出了著名的黄金分割比。根据比例原理，在建筑中，无论是组合要素本身，还是各组合要素之间以及某一组合要素与整体之间，无不保持着某种确定比例的数的制约关系，如果超出和谐所允许的限度，就会导致整体比例失调。比例主要表现为整体或部分之间长短、高低、宽窄等关系，良好的比例关系不是单纯按抽象的几何关系来确定的，功能要求、结构、材料以及民族文化传统都会对构成良好的比例产生影响。与比例相联系的是尺度。尺度一般不是指真实的尺寸和大小，而是给人们感觉上的大小印象与真实大小之间的关系。由于人体尺度的限制，在感知建筑物时，人们很难仅仅根据抽象的三维数据准确地判断建筑物体量的大小，常常需要依靠组成建筑的各种构件，尤其是与人的使用密切相关的一些构件如栏杆、扶手、坐凳、台阶等，来估量整体大小，形成真实的尺度感。

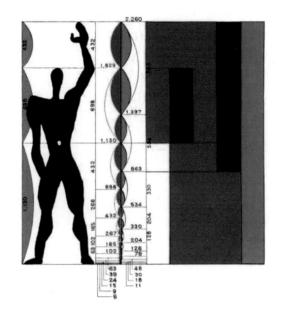

图 2-23 模度人及红蓝尺

现代主义建筑师勒·柯布西耶把比例和尺度结合起来，提出"模度体系"。该体系从与人体相关的三个基本尺寸出发，按照黄金分割比引出两个数列，组合成矩形网格，将对比例和尺度形式美的追求与数学控制的法则结合在一起，推动了古典主义形式美学理论在现代建筑设计中的应用（图 2-23）。

随着结构与材料技术的发展，现代建筑出现超大尺度的空间，给比例和尺度的协调设计带来更大的挑战，也为仪式感空间的设计提供了更多的可能性。在一些特定建筑中，比例和尺度的处理并不完全以人体常规感受的协调和舒适为设计准则，建筑构建的尺度及部分与整体之间的比例关系也并不一定符合常规的逻辑。为了表达纪念性文化主题的设

图 2-24 印度昌迪加尔法院

计概念，需要同时满足使用功能的生理需求与精神功能的心理需求（图 2-24）。

2. 基于叙事性的设计概念

20 世纪 60 年代以来，随着各种文化思潮、艺术流派的发展，纪念性空间呈现日常化与多元化趋势，不但表现为建筑风格更加丰富多样，也表现为纪念的对象不断扩展为多元的日常生活对象。在纪念性建筑向日常生活和大众文化渗透的过程中，作为传递信息的重要组织方法和双向交流模式，叙事性空间激发观众参与、感知、体验，也逐渐得到建筑理论研究的重视。

叙事的本质是叙述事件，也就是讲故事。叙事者、媒介、接收者是叙事的三要素。叙事是一种交流手段，也是一种交流方式。当叙述者以媒介的形式传达出信息后，接收者准确接收到这一信息，这一过程即为完成叙事。叙事三要素中媒介的呈现方式从早先的语言、文字发展到其他非语言形式，通过诸多媒介更好地完成叙事。电影、雕塑、绘画和建筑等艺术载体，都可以作为叙事中传达信息的媒介。从跨学科的角度看，叙事是一种交流手段、知识形式和认识模式，是自我与世界、自我与他人之间的中介，是为了人类离散的经验创造秩序和意义的一种方式，是强调文化认知的理论模型，具有开放的理论和方法论。[①]

20 世纪，"叙事学"（narratology）成为现代主义理论的基石之一，不仅影响了文学、社会学等领域，还存在于"人类所有的创作、艺术和娱乐形式中"，包括文学、戏剧、电影、游戏、建筑和其他视觉艺术。受 20 世纪末社会科学空间转向的影响，文学领域出现"叙事的空间化"，即按时间顺序或者因果关系来排列事件，并将事件的空间形式纳入叙事维度。约瑟夫·弗兰克在《现代文学中的空间形式》中分析了福楼拜、普鲁斯特和乔伊斯等现代作家运用空间并置打破时间流的写作技巧，首次提出了"叙事的空间形式"，即文本自身占据虚构的空间形式、故事发生的物理空间以及读者创造的心理空间[②]，并对叙事文本中的空间进行了研究。在此基础上，加布里埃尔·佐伦在《迈向叙事空间理论》中提出一个完整清晰的框架，明确定义了文学作品叙事中的"空间"概念，即虚拟空间的三个层次[③]：场域（topographical，静态的物质场所）、行动域（chronotopic，事件行为的空间结构）、视域（textual，文本符号的空间单元）。具体而言，在图形学层面，空间是静态的；在时空性层面，空间的结构由事件和运动赋予；而在文本层面，叙事空间的结构由它在言语文本中的意义赋予，文本成为一种语言媒介，对叙事空间结构进行重建。叙事空间理论提出通过强调文本中空间和时间的关系，重新审视信息接收者在空间中的参与性，这一点成为理解建筑空间叙事性的关键。在建筑艺术中，以雕塑、符号、空间等为媒介，将叙事植入空间维度，呈现一种时间的艺术，表现为空间的叙事性。叙事，被物化为一种连续性的空间体验模式。

《建筑的永恒之道》将事件与空间模式看作有机的整体，指出"空间中的每一模式都有与之联系的事件模式"，开启了现代建筑对空间叙事性的认知。基于事件模式与空间形式的关联，不同的事件内容所对应的空间形式也有区别。《建筑和叙事——空间与其文化意义的建构》将叙事性赋予空间，通过对小说叙事的借鉴以及对实际建筑案例的分析，比较系统地厘清了叙事与建筑的关系，并阐明了叙事对于建筑空间价值构建的意义[④]。

纪念性主题建筑在关注空间仪式感的同时，也希望从个体角度给参观者带来情感触动。近年来，从纪念主体情感出发的情境化纪念

① 张新军. 叙事学的跨学科线路 [J]. 江西社会科学, 2008 (10): 38-42.
② FRANK J. The Idea of Spatial Form[M].New Brunswick: Rutgers University Press, 1945.
③ ZORAN G. Towards a Theory of Space in Narrative[J]. Poetics Today, 1984, 5 (2): 309-335.
④ Psarra S. Architecture and narrative: the formation of space and cultural meaning[M].London, New York: Routledge, 2009.

性主题在建筑创作中受到越来越多的关注。叙事性设计通过对空间及其中一系列事件的组织、编排和表达，串联起"意识创新—形体生成—方案实现—精神表达"的全流程，能够实现情境再现，满足受众对设计作品物质层面和精神层面的双重需求，建立并引导一种沟通和交流，唤起受众内心的感受、记忆和联想，进而形成对相关的历史文脉、人文精神、自我体验更深的感知和理解。[①] 记者出身的建筑师雷姆·库哈斯（Rem Koolhaas）在英国建筑联盟学院的毕业设计中创作了具有叙事文本的建筑作品，最早开始尝试通过建筑叙事空间讨论热点性社会议题。

【库哈斯实验性建筑设计文本】

库哈斯 1972 年的毕设作品《逃亡，或自愿的建筑囚徒》用实验性的建筑设计文本展现了写作参与理解并构筑世界的能力。[②] 文本设定伦敦变成了截然不同的"好"和"坏"的两个世界，住在坏的世界里的居民开始向好的世界逃亡，两个世界之间被两堵墙隔开，墙内有一小片独立的、被分成不同功能的空间，如艺术广场、公园和接待区等。最终人们在这种逃亡中却发现自己自愿成为建筑的囚徒。设计文本的创作以柏林墙为原型，描述都市居民有意识地接受城市的分离与排斥，隐喻了主体在极端状态下的自我幽闭。在充满超现实主义色彩的脚本中，平行的墙体穿越城市，抹除原来的城市肌理，造成巨大的城市"创口"；墙体本身在等待个体的活动、群体的交往，以及任何可能事件的填充；这些活动与事件最终成为"自愿的囚徒"神秘而自闭的社会生活的一部分；随着人群不断地从墙外"恶"的一方逃向墙内"善"的一方，

图 2-25 《逃亡，或自愿的建筑囚徒》

老城不可逆地走向衰败，而圈禁起来的区域成为异托邦式的社区，激发并产生大都市新的生活方式与体验（图 2-25）。

20 世纪 70 年代，建筑师伯纳德·屈米（Bernard Tschumi）在建筑联盟学院执教期间进行设计研究，将电影艺术、文学理论与建筑相结合，试图重新审视建筑承担的责任并强化建筑对文化的表达。他将建筑与事件相结合，提出了关于建筑叙事的理论。他通过"事件-空间"的概念指出，建筑不仅仅是关于功能与形式的静态空间，而是由空间中人的运动以及将会产生的事件所决定的动态空间。屈米是第一个意识到概念空间（文本/事件）和知觉空间（想象/体验）的当代建筑师。20 世纪 80 年代，空间叙事的理念被真正应用到建筑设计领域。屈米与同在建筑联盟学院执教的尼格尔·库特斯（Nigel Coates）开创性地将电影叙事、文学叙事作为一种空间设计的创新方法纳入建筑课程设计之中。他们将当时选修建筑叙事课程的学生作业收集到《事件话语》（The Discourse of Events）中，还组织学生团队成立了当代叙事建筑小组（Narrative Architecture Today，NATO）进行叙事和

---

① 张学东. 设计叙事：从自发、自觉到自主 [J]. 江西社会科学，2013，33（02）：232-235.
② 朱昊昊. 书写柏林：一项关于城市建筑的设计研究 [J]. 建筑师，2022（03）：42-51.

建筑的跨学科探索。这一设计研究与教学活动影响了此后近半个世纪英国和其他一些西方国家的建筑学教育理念。与此同时，法国哲学家米歇尔·德·赛尔托（Michel de Certeau）于 1984 年发表《日常生活实践》，从使用者的活动等日常事件考察城市空间的使用策略及其文化意义，提出了"空间故事"等内容，对空间叙事设计理论研究具有重要价值。

【屈米《曼哈顿手稿》】

屈米在建筑联盟学院的研究成果体现在 1981 年出版的《曼哈顿手稿》①一书中。该书以图解的方式构建了关于建筑的叙事文本，记录了空间和事件的现实意义。公园、街道、塔楼、街区四种空间在一段侦探故事中扮演了不同的角色，打破了以往人们看待空间的传统视角——不再将建筑作为空间视觉语言的平面、立面、透视等，而将事件（event）、行为（movement）和空间（space）联系到一起，三者互相依存并互成因果关系（图 2-26）。

20 世纪末，《景观叙事：讲故事的设计实践》（*Landscape Narratives Design Practices for Telling Stories*）从文学理论、人文地理和视觉艺术等跨学科角度，更加系统、务实地探索了叙事在景观设计中的应用理论与方法，并结合历史保护、遗产规划、公共艺术与景观规划等，归纳出叙事设计的具体策略，使空间叙事研究与设计实践得到了较好的结合。

进入 21 世纪，空间叙事在设计领域的研究成为东西方学界的热点。设计者往往通过对一些历史事件和文学作品的解读，将建筑作为

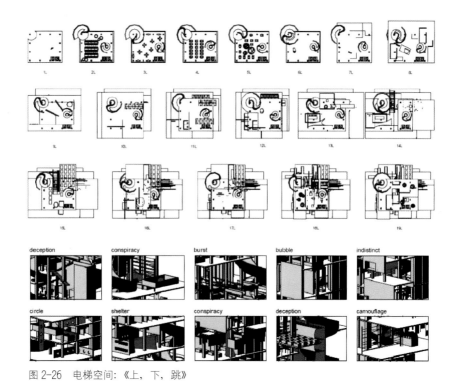

图 2-26　电梯空间：《上，下，跳》

① TSCHUMI B. The Manhattan Transcripts[M]. Nwe Yonk: Wiley, 1994.

介入物，去重新探讨一些富有影响力的社会议题，比如贫富差异、欧洲难民问题、全球变暖、土地退化等。库特斯的《叙事建筑》对自己 30 多年的理论研究与实践探索进行了总结，认为建筑历史中人们习惯于将经验与体验改编成故事来传播。叙事建筑强调的是建筑的意义及其体验，而不是建筑的性能、技术或功能之类的东西。借助叙事设计方式，可以诠释历史建筑与当今建筑的内涵。面对全球化、现代化、城镇化进程中出现的文化危机，空间叙事设计有助于传承文化信息、缝合文化碎片、建构地方文化认同，在文化领域尤其具有重要的当代价值。①

空间的叙事性也是中国古代人居环境表征与建构的一个典型特点。在园林与建筑设计中，空间叙事为空间体验的趣味性、连续性和丰富性提供了可能和依据，空间至少为叙事提供情节发展的场景。② 以上海鲁迅纪念馆设计为例，建筑师陈植、汪定曾在旧馆设计时提出"以民居形式开创纪念建筑先河"的设计理念，通过对江南水乡民居形式的叙事性空间设计，再现鲁迅文学作品中的风土民情，可看作叙事性空间在我国当代纪念性主题建筑创作中的早期实践。

【上海鲁迅纪念馆】

1956 年建成的新中国第一座人物纪念馆——上海鲁迅纪念馆，采用江南水乡黛瓦白墙的建筑语汇，表现了鲁迅笔下所描绘的家乡的桥、木屋、乌篷船、集镇、社戏，以及各种民间故事中淳朴的绍兴风貌，再现了鲁迅文学作品中安静平和的生活场景。这一设计概念也被建筑师邢同和在 1999 年的新馆设计中

延续下来。原址重建的上海鲁迅纪念馆新馆有意识地保留原馆的第一幢建筑，对已经危旧的旧馆进行原拆原建，并将其作为新馆第一立面，体现新旧建筑的整体性以及建筑群对鲁迅先生故乡的象征性（图 2-27）。在设计原则和立意上，庭院式布局将建筑体量分散，融入虹口公园的大环境中。民居尺度塑造出平易近人的建筑形象，不仅表现了鲁迅作为我国伟大的文学家、思想家、革命家的光辉形象，也表现了鲁迅作为一个真实的有血有肉的普通人的一面。"既抓住鲁迅纪念馆是一座具物质性的建筑物，又试图表现鲁迅的人格精神，以'民族魂'的文化内涵来感染每位参观者"。③

叙事中运用修辞，可以更好地表达思想和情感。作为文学叙事中常用的手段，修辞也广泛出现在设计作品中。适当的修辞有助于设计的表达，使其更具趣味性、艺术性，让信息接收者更愉悦、更准确地解读信息。借助修辞加深人对信息的感知与理解程度，能够更高效地发挥媒介的功能，辅助人与设计作品更好地进行信息交流，满足其生理和心理上的双重情感体验需求。在文化主题建筑设计中，运用叙事性设计的修辞手法，能向接

图 2-27　上海鲁迅纪念馆入口

① 陆邵明 . 景观叙事：解码海派古典园林 [M] . 北京：中国建筑工业出版社，2018 .
② 陆邵明 . 空间叙事设计的理论脉络及其当代价值 [J] . 文化研究，2020（04）：158-181 .
③ 邢同和，周红 . 再铸历史文化的丰碑：记上海鲁迅纪念馆建筑设计 [J] . 建筑学报，2001（08）：24-27 .

2-28 木心美术馆入口

收者更好地传递设计意图，使建筑作品成为更具感染力的文化载体。

【浙江乌镇木心美术馆】

以 2011 年浙江乌镇木心美术馆的设计为例，建筑师的设计灵感受到木心先生作品的文化复杂性的启发，希望通过物理空间的感受塑造，将游客带入木心的艺术世界，以精心设计的空间语言，表现木心的艺术造诣和美学思想。美术馆位于乌镇西栅老街和乌镇大剧院之间，四面环水。美术馆的建筑体量维持中等尺度，在大剧院的"大"和民居的"小"之间取得一定的平衡。木心生前对自己的美术馆式样有着明确的设想，"我的美术馆应该是一个一个的盒子，人们可以听着莫扎特音乐从一个盒子走到另一个盒子。"因此，建筑体量以一系列"盒子"为主，趋于抽象的现代空间，以更好地服务于美术馆的现代功能（图 2-28）。而"桥"的元素则隐喻木心融汇东西方文化与美学的艺术实践。木心在看到美术馆设计图纸时，产生了艺术的共鸣——"风啊、水啊，一顶桥"。

在物理尺度有限的空间里，建筑师运用多种修辞手法进行叙事性空间设计，塑造出如木心抽象画所展现的强烈空间感，以及简单朴实的文字所蕴含的丰富意境。建筑的外观与木心先生心仪的简约美学相契合，清水混凝土构成的凹凸表层和巨大的落地玻璃营造出狭长而简约的美感。墙体外并无多余装饰，条纹清水混凝土远观有浑然一体的粗犷感，近看有细腻的木材纹理。为与木心作品基调相呼应，室内展厅设计了五种不同的灰色，以此将展厅予以区分，并根据不同展品的特点设计展厅的空间尺度、光影及风格。光线通过天窗渗透进室内，天花板上细长的条形灯呼应着混凝土表面条形质感，而黑花岗岩和胡桃木作为内饰的主要材料，共同形成了室内展厅灰色主调下细腻而丰富的视觉效果[1]（图 2-29）。景观部分，草丛、樱花与混凝土相搭配，用对比的修辞手法显示出美术馆建筑的独特风格。

---

① 林兵. 木心美术馆 [J]. 建筑学报，2016 (12)：38-43.

图 2-29　木心美术馆室内展厅

第三节　艺术性文化主题

建筑与音乐、绘画等艺术形式一样，具有极强的艺术表现力。将艺术化的追求作为建筑创作的主题，也是文化主题设计概念生成的重要来源之一。从艺术的普遍性追求来看，不同感官艺术形式之间的通感与想象，可以成为艺术性文化主题建筑创作的灵感来源；就东方艺术的特点而言，意象与意境往往成为艺术性文化主题建筑创作的出发点。

1. 基于意象的设计概念

基于意象的设计概念来源于艺术通感。通感是一种跨文化、跨学科、跨一切事物的创造性思维方式。这种创造性的思维活动既是抽象的又是具体的，既是宏观的又是微观的。抽象是指通感和创造力本身难以用语言、符号进行描述；具体是指不同事物之间具有内在的通连关系，而且每一个事物都有可能引起通感。宏观是指创造性活动中的通感和人类建构的整体知识密切相关；微观是指通感的创作不是建立一套固定的恒久不变的方法论，而是一项"此时此地"的具体工作。建筑通感是一种触发建筑创作的创造性思维活动。其一般来源于建筑学科之外，要求建筑师善于发现世间的万事万物与建筑创作之间的内在联系，并将这种内在联系融入建筑创作之中，达到触类旁通，甚至融会贯通的境界，从而促进建筑创作的进行。[1]

通感（synaesthesia）也叫"联觉"或"感觉挪移"。心理学中，通感是一种心理功能。钱钟书曾说："一种感觉超出了本身的局限而领会到属于另一种感觉的印象"，这便是通感。眼、耳、鼻、舌、身、意皆可产生通感，视、听、触、嗅、味往往可以彼此打通。在通感的作用下，来自不同感官的信息可以巧妙地融合，颜色可以代表冷暖、阴晴、四季，声音能表达轻重缓急、喜怒哀乐，多种感觉不分界限、彼此联系、互相呼应、相互渗透、相互迁移。20 世纪 30 年代，朱光潜先生在《美感与联想》中就提到，"各种感觉可以默契旁通，视觉意象可以暗示听觉意象，嗅觉意象可以旁通触觉意象，乃至于宇宙万事万物无不是一片生灵贯注，息息相通"[2]。

通感是人类共有的一种心理现象。人类感官的先天关联性是讨论艺术通感的生理和心理基础。古希腊的亚里士多德就已经认识到各种感觉有统一感，他提出"共同感官"的概念，认为共同感官是中心器官，能把动静、形体大小、质感等各种感觉统一起来。通感体验也是审美体验的心理基础，艺术通感是一种统觉性、创造性的审美能力。[3]通感这一艺术手法能够把日常经验提升到诗化意境的层面，带给人诸多的审美享受。中国艺术历来强调感性的五官互通共用的审美观照心理，讲究美在整体、美在和合。美的产生并不是

① 来嘉隆．建筑通感研究：一种建筑创造性思维的提出与建构 [D]．南京：东南大学，2017.
② 朱光潜．朱光潜全集（第 1 卷）[M]．合肥：安徽教育出版社，1987.
③ 杨波．艺术通感：一种统觉性创造性的审美能力：艺术通感的审美阐释 [J]．新疆大学学报（哲学社会科学版），2003（04）：82-86.

源自某种感官的单一功能，而是建立在众多感官的联通的过程中。大量经验表明，通感在沟通造型艺术与语言艺术、时间艺术与空间艺术的感受等方面有重要的作用。

通感与想象密不可分。想象是人类一种特殊的心理能力，是人的创造活动对以往记忆的形象、经验进行重新加工改造的心理过程。因此，康德称想象为"创造性的认识功能"；黑格尔称想象为"最杰出的艺术本领"。通过想象活动，人们以记忆中的表象为材料，通过综合、分析和提炼等思维活动，创造出未曾知觉过、未曾存在过的事物形象。想象引领心灵向四面八方游弋，捕捉诗意。正是因为有了想象，人类才能从物的包围中超脱出来，创造出富有精神内涵的艺术作品。借助想象，人与非生命的物之间可以在空间关系上相互转化，在时间层面上相互转移。经过想象，建筑与可见、可听、可闻、可感的艺术作品之间形成通感，营造出可以与诗词、音乐、舞蹈、书法等其他艺术形式相通的审美感受。

建筑通感的来源丰富多样。建筑与绘画、雕塑、书法等，同为视觉艺术，较易产生艺术通感。西方现代主义绘画和雕塑艺术中的构成主义、表现主义、立体主义等流派对现代建筑的产生和发展有极大的影响。中国画和书法艺术也与中国古典园林建筑具有高度的审美关联性。当代艺术性建筑的创作灵感也常来自视觉艺术领域的时装艺术、摄影艺术、装置艺术等。

建筑与音乐艺术的通感研究，把建筑的要素按照一定规律排列和重复的秩序化表现与音乐的节奏语言进行类比，把建筑空间和形象中的抑扬顿挫、比例结构及和谐变化与音乐的旋律进行类比，把建筑空间序列的起始阶段、过渡阶段、高潮阶段和终结阶段与音乐的乐章进行类比，探讨了审美迁移上艺术规律的普遍适用性。

建筑与电影艺术的通感研究发现，类似电影中镜头的组接，建筑空间也是以相互邻接的形式存在。相邻空间的边界线可采用硬拼接以形成鲜明轮廓，也可采用交错、重叠、嵌套、断续、咬合、搭盖等方法组织空间，形成不确定边界和不定性空间，类似于电影中化入化出、淡入淡出、叠印等蒙太奇手法。这些"镜头单元"在建筑中也可以有机地组织成一个连续的、完整的运动整体，即一个完整的空间序列。在城市更新和历史建筑改造设计中，利用蒙太奇手法组接不同时空的镜头，还可以创作出全新的影像时空关系，获得意想不到的艺术效果。

除常见的艺术形式，建筑通感有时也来自地方戏曲、传统手工艺、非物质文化遗产等小众艺术形式。通过日常观察所积累的个人体悟也是建筑通感的重要来源。在具体建筑创作中，建筑师产生的通感是其人文积淀和日常观察体悟的投射。面对同一项目，由于建筑师的艺术修养、文化积淀、个人经历、审美取向等不同，对建筑的诠释也不同。丰富的通感来源突破了不同学科、艺术领域的界限，拓宽了创作思路。

通感一般出现在创造性活动的准备阶段，是在创造性活动中突破创新的契机和途径。众多的艺术家，包括诗人、画家、音乐家、舞蹈家、雕塑家等，都非常重视日常的积累，积极向其他艺术门类学习，从中获取通感。在不同的事物和创意中寻找通感，不仅完全可行，而且是建筑方案取得突破的十分重要的途径。[1]借助这种在不同领域、不同事物之

① 程泰宁，王大鹏. 通感·意象·建构：浙江美术馆建筑创作后记 [J]. 建筑学报，2010（06）：66-69.

间寻求创新的创造性思维方式，建筑创作可以找到比较好的切入点，使建筑师的设计思路变得开阔。需要强调的是，建筑通感并不是将现成的形象或抽象的语言符号直接附着在建筑之上，因此基于通感设计的建筑与建筑通感原型之间不再是一一对应的象征关系。而是一种模糊感性的呈现关系，由通感带来的多义性和不确定性，也增加了建筑的表现力，使得建筑具有原创性。意象作为从通感到建构整个完整创作过程的中介，在基于通感的建筑创作中发挥着重要作用。同时，通感形成的建筑意象也需与文化建筑的主题相符，才能相得益彰。

【广东省博物馆】

以广东省博物馆为例，其设计概念来自于对"珍宝盒"意象的表达。博物馆的设计构思源自中国精雕细琢、装载珍品的传统宝盒，如漆盒、雕花象牙球、玉碗及铜鼎等容器，盛载各式各样的珍藏瑰宝。[①]与广东传统工艺品的透雕工艺相似，博物馆的空间组织复杂、层次丰富、细致且优雅。建筑采用钢筋混凝土核心筒承载巨型钢桁架悬吊结构体系，中庭高度从观众入口大厅直达顶层，自然光线由顶部玻璃天窗铺洒而下，形成高而通透的内部公共空间。内部功能层层相扣，展厅、回廊、中庭与整体结构紧密结合，由内向外逐层展开。表皮分为内外两层，运用铝合金板、玻璃、花岗岩等材料，塑造出具有现代几何特点的立方体造型。一扇扇大小不等、形状不同的窗户分布在立方体的四个面上，使表皮呈现出独特的肌理和图案感（图 2-30）。镂空的外表皮透出室内灯光，在夜晚更加醒目。中庭四周通过坡道、楼梯、扶梯等连接上下层走廊，引导观众进入各展厅。为了延续"珍宝盒"的透雕构思，走廊也通过冲孔金属板与中庭空间隔断，若隐若现的层次感使人在孔隙空间的体验得到了加强（图 2-31）。

在运用建筑通感生成创作概念方面，我国建筑师程泰宁有较为丰富的成功经验。20 世纪 90 年代他设计的加纳国家大剧院，从撒哈拉以南非洲的雕刻、壁画，以及浪漫、夸张且

图 2-30　广东省博物馆外观

---

① 许李严建筑师事务有限公司 . 广东省博物馆 [J]. 城市建筑，2011（08）：77-82.

图 2-31　广东省博物馆室内

具有张力的舞蹈和鼓声中寻找艺术通感，塑造了奔放而质朴、热情而浪漫的建筑形象。设计于 21 世纪的温岭博物馆，建筑师则用通感塑造了具有"顽石"意象的艺术形态。

【浙江台州温岭博物馆】

浙江台州温岭博物馆根据当地石文化，将表现顽石形态作为设计概念。当地著名景点"长屿硐天"是南北朝以来人工开凿石板后形成的石文化景观，历经 1500 余年，留下了 28 个硐群、1314 个硐体。众多的石硐，硐套硐，硐硐相联，硐硐串通，形成了千姿百态的石壁长廊，构成了一幅雄、险、奇、巧、幽的壮丽画卷。有千年历史的石塘镇，石屋、石街、石巷、石级错落有致，风格独特。在温岭博物馆设计中，建筑师力求表达"石夫人山下的顽石"的意象，以非线性造型描摹顽石形态，造型拙中出奇。建筑表皮以不规则而富于变化的三角面连续拼合，折转分明，体型生动（图 2-32）。为表现"瘦、漏、皱、透"的顽石特性，室内空间形体复杂、光线通透、材质光洁，使温岭博物馆作为石文化载体，在回应当地文化的同时，以一种独特的形式在城市环境中凸显出来[①]（图 2-33）。

2. 基于意境的设计概念

中国美学强调艺术创作对意境的追求。基于意境的设计概念体现了与意象不同的艺术创作方向。"道""恍惚""象同""意境"一脉承续，老子、庄子思想可被视为意象与意境说的最早源头之一。《易传》中的"观物取象"因其独特的思维方式，影响了后世对意象、意境的理解。"象"是"观物"的结果，既联系着某类客观事物，又是一种抽象的符号，"类万物之情""通神明之德"。人类的艺术审美活动就是以感性具象呈现抽象的精神性内容，以有限的形式传达无限意蕴。"意象是美学史上第一个对艺术美内在结构进行真正自觉、高度概括的范畴，是对艺术创造基本矛盾的揭示。"[②]中国传统美学认为，艺术的本体就是意象，任何艺术作品都要创造意象，情景交融。

①　筑境设计 . 温岭博物馆 [J]. 当代建筑，2021（03）：61-69+60.
②　薛富兴 . 东方神韵：意境论 [M]. 北京：人民文学出版社，2000.

图 2-32　温岭博物馆外观

图 2-33　温岭博物馆室内

意境与意象相比，更强调心理感受。唐代佛教的盛行使"境"作为术语空前增多，强化了"境"作为心理状态、体验、境界的意义维度。"境"是对"象"的突破，只有"象"外之"境"才能体现作为宇宙的本体和生命的"道"。刘禹锡提出的"境生于象外"，正是对有形的"象"的超越与对无形的"境"的引入，不仅强调创造出的艺术形式的重要性，更注重超越形式之外的人生体验与哲理感悟。中国学者认为意境与意象之间有递进、提高、综合的关系[1]，或认为意境与意象是整体与部分的关系，如袁行霈所言："意境好比

<hr>

① 陈铭 . 意与境：中国古典诗词美学三昧 [M] . 杭州：浙江大学出版社，2001.

一座完整的建筑，意象只是构成建筑的一些砖石"。

一般认为"意境"最早出现在诗学领域，后来又出现在绘画领域，元明以后，"意境"批评逐渐向建筑、音乐等其他文艺门类渗透，成为一个文艺学范畴。随着近现代西方美学的引入和中国美学的建构，"意境"又成为一个美学范畴。从审美活动的角度看，所谓"意境"，就是超越具体的有限的物象、事件、场景，进入无限的时间和空间，从而对整个人生、历史、宇宙获得一种哲理性的感受和领悟。[①]

中国传统审美活动以言志、缘情为动机，强调对审美主体主观意识的表达。中国古典诗词、绘画、书法、园林等各类艺术将"言以表意，形以寄理""情溢象外"作为艺术创作标准。中国传统艺术创作中，以"意""理""情"等无形内容作为审美的至高境界，而形式、语言仅作为表达的手段、媒介。基于对东西方哲学、美学思想的对比思考，中国当代建筑师认为，以"语言"为本体的哲学观念极易产生"形式主义"的倾向，对建筑创作产生局限。程泰宁提出以"意境"作为建筑创作的审美核心，是一种具有东方特色的审美思想。[②]根据中国古典美学原则生成艺术性文化建筑的意境主题，是中国文化中的空间艺术理论对当代建筑创作的独特贡献。意境主题不是重复性地再现中国古典艺术中关于空间的视觉的具体物理属性，而是追求在某种意境中，观者依据其历史经验

（先例）将新摹本投射到空间载体上，形成古与今、内在与外在的双重对话，成为观者当下进行自身文化建构的一部分。

在浙江美术馆的创作过程中，建筑师程泰宁希望能够突破建筑风格、语言和视觉感知的局限，向心灵和精神层面延伸，提升它的艺术感染力，将西湖山水之灵秀，古典诗词、书法和江南水墨画所传达的意境，现代美术所表现的新奇和活力，都注入设计之中。[③]

【浙江美术馆】
浙江美术馆坐落于美丽的西湖之畔，背靠苍翠的玉皇山麓。建筑师从中国水墨的画境、"杏花春雨江南"的诗境以及西方现代美学的新奇与陌生感中获得通感，形成造型的浪漫和动感。建筑意象既似玉的温润、钻石的晶莹、山石的自然之趣，又似玉皇山麓的起伏延伸（图2-34）。为使建筑与周围自然景观相协调，美术馆的实体部分随群山走势横向展开，向湖面层层跌落；实体上起伏有致的不规则屋顶轮廓线与玉皇山脉相契。为与现代的审美取向相契合，美术馆的不规则锥形屋顶采用钢结构玻璃材质。具有结构感的造型削弱了传统雕塑的体积感，创造出透明轻盈的空间感。不规则的锥形屋顶与中国古建筑歇山顶"似而不同"，仍保留类似歇山顶的形态特征，是对江南人文环境的呈现[④]（图2-35）。

中国近代建筑教育家童寯提出造园和品园的"三境界"理论[⑤]，从中国古典园林艺术中总结了中国古典美学在空间塑造上追求意境的三

---

① 叶朗. 叶朗美学讲演录 [M]. 北京：北京大学出版社，2021.
② 余姝颖. 程泰宁建筑创作历程及思想研究 [D]. 南京：东南大学，2021.
③ 程泰宁，王大鹏. 通感·意象·建构：浙江美术馆建筑创作后记 [J]. 建筑学报，2010（06）：66-69.
④ 程泰宁，钱伯霖，王大鹏，等. 浙江美术馆 [J]. 城市环境设计，2011（04）：94-101.
⑤ 童寯. 江南园林志 [M].2版. 北京：中国建筑工业出版社，2014.

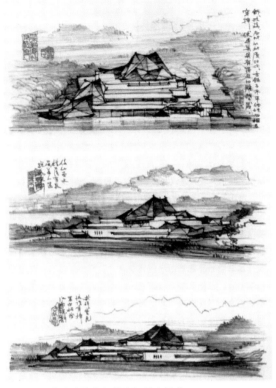

图 2-34 表达建筑意象的浙江美术馆草图

图 2-35 浙江美术馆外观

重原则，对当代建筑师基于意境的文化主题建筑创作产生了深远的影响。

"三境界"之一是"疏密得宜"，指空间布局收放有致，疏密得当。疏密得宜历来被视为中国古典美学追求意境的审美原则和艺术创作的宝贵经验，是各传统艺术门类的通用表述，一般用以表达空间结构的特质。无论是文学艺术还是视觉艺术，都极为注重虚实、有无、黑白、隐显的关系，讲究虚实相生、留白、布白、计白当黑。古代文论中的比兴说、意象说、形神论、风骨论、神韵论、气韵论、兴趣说、滋味说、象外说，都涉及虚实、有无、隐显等方面的布局安排和对比效果。在绘画、书法等视觉艺术中，"实"指画面中用笔致密丰富的地方，"虚"指用笔稀疏或空白的部分，虚实相生相映，体现一种"虚灵"的意境。中国画中注重以天、风、云、水、气、光、雾等虚空之"形"，隔开山、石、岸、树、屋等实物之"形"，使"形"出现少量的断裂、空缺，唤起读者的知觉力、想象力的参与。古代书画均以白色作底色，画面上常出现无画的空白。空白并非绝对的空无一物，而是虚中有实，既可以给视觉带来短暂的休息，又可以令人产生无限遐思。宗白华认为，"中国画底的空白在画的整个意境上并不是真空，乃正是宇宙灵气往来，生命流动之处。"可见在画面中巧妙设置空白，不但不影响作品的整体美感，反而有利于创造意境。艺术创作中适当地利用"空白""残缺""不完整"等"虚"的部分，既能产生"陌生化"的艺术效果，又为意境的生发、感知留下了想象空间。这一中国古典美学原则也符合格式塔心理学的"完形"倾向。格式塔心理学认为，人类的知觉印象具有完整和闭合的倾向，倾向于把被知觉的对象呈现为最完善的形。完形并不是客体对象本身所固有的，而是主体的审美心理知觉建构完形的产物，是心理感知场上的建构完形。心理作用与艺术对象相互作用，形成一种具有张力的场，这种张力形成的场效应即是"完形趋向"或"完形压强"，这种"内驱力"使"完形压强"增大，人们会积极主动地"填补"和"完善"那些"不完形"，把不完整的形补充、修复、闭合成完整的形（圆圈、连贯的图形、对称的画面等），这种对"完形"结构的追求一旦实现，"完形压强"减弱，就能产生极大的审美愉悦。

"三境界"之二是"曲折尽致"，表明要通过一个动态的"游观"过程去抵达，此过程并非直截了当，而是充满曲折和转换。"曲折尽致"为文论、诗论及画论所用时，多表现为追求层次丰富、含蓄转折的意境。在中国古典园林、山水诗、山水画等空间艺术的审美中，"曲折尽致"也暗示了由视点移动所产生的"游观"体验。游观，不是局限于定点观照，而是上下回环往复、左右移动游历、内外畅神运通，动态的、有机的、往复的观赏过程。① 游观强调以"心眼"游览"象外之象""景外之景"，在知觉中把不完整的形象并置、叠加，整合出"完形"的审美意境。游观的审美体验讲究"以时率空"。在古代中国人的思维中，空间不是孤立存在的，而是与时间紧密相连的，如阴阳五行、乐律历法等。而在游观的时空关系中，"时"是占主导地位的，一是行进过程中的"时"对物理空间的打破和重构，二是不同天象条件下游观空间的多样化显现。宗白华将时空关系阐释为："时间的节奏（一岁十二月二十四节气）率领着空间方位（东南西北等）以构成我们的宇宙。所以我们的空间感觉随着我们的时间感觉而节奏化了、音乐化了！"② 包蕴着时间观念的动态观赏是游观体验的重要方式，使游观体验带来的审美感受具有特殊的层次性。游观体验使三维空间流动起来，通过行进过程，三维空间转变为四维时空。各式各样的墙体、廊道、门洞、建筑等结构的营造将空间分割成相对独立的单元，但路径、节点等元素的精巧设计使无法移动的景象在时间性的游观体验中结成一种充满动感的有机体形态，时间的渗透起到串联和重组的关键作用，使得固定位置的景观不再是零碎和分散的

"点"，而是被演绎为连续、动态的整体空间"网"中不可分割的部分。游观过程中时间的演进不是匀速和线性的，它会随着流动观照中景观的丰富变化（疏密、掩映、遮挡、委婉曲折等）而产生节奏的变换，如快进、停滞等。时间的这种节奏性变化使主体在游观中生成的心灵空间也因此产生节奏与韵律感。

"三境界"之三是"眼前有景"，关注观者与空间和景观的联系，更有一种身心沉浸于自然所带来的诗意状态。"眼前有景"是中国古典美学空间审美追求意境的"情趣"所在。童寯在《东南园墅》一书中强调中国园林审美的"情趣"二字，认为不知"情趣"，休论造园。一片好的园子，好的建筑，首先就是一种观照事物的情趣，一种能在意料不到之处看到自然的"道理"的轻快视野。③ "眼前"是基于第一人称的视点，体现以观者为坐标点的空间与景观的联系；"有景"将空间中的自然环境刻意组织形成景观视线关系，"山光云树，帆影浮图，皆可入画，或纳入户牖，或望自亭台"，由此及彼、由小及大，反映自然山水、天地宇宙的投射。中国古典园林的生态思想、山水体系、审美意趣均起源于先秦时期。先秦园林的出现源于中国人对自然山水的原始崇拜，认为天地山水具有神性，进而发展出山水祭祀文化，山水崇拜和祭祀的原始思想是中国园林的始端。灵台、灵沼、灵圃成为神山、神水、神土在园林中的投射。园林中的胜景代表一种极致的精神空间，也是园林的点题之处。在物质层面，胜景体现为"画意"；在精神层面，胜景则追求"情"与"境"，强调将人文思想、情感、生活与自然融为一体。

① 白舸，屈行甫.中国古典园林中"游观"的美学阐释[J].南京艺术学院学报（美术与设计），2018（04）：120-124.
② 宗白华.艺境[M].3版.北京：北京大学出版社，2003.
③ 童寯.东南园墅[M].长沙：湖南美术出版社，2018.

当代建筑师李兴钢认识到中国传统城市、聚落、园林可以称为基于同一思想观念和生活哲学的一整套中国（特别是传统的）营造体系，希望通过某种当代的转化，使那些有价值的传统，呈现于当下的思考和实践中。他设计的绩溪博物馆在艺术性上也遵循了童寯先生提出的园林三境界的审美原则。同时，他还从建筑本体层面的几何操作出发，提出以"几何"营造"胜景"[1]，以建筑本体营造自然空间诗性的"胜景几何"实践，在既成的城市和建筑中修正缺乏诗意的人工环境，在将成的城市和建筑中营造面对自然的诗意。

【绩溪博物馆】

绩溪博物馆的场地设计结合保存的多株古树名木，留树造庭，以传统民居院落为原型，设置树院（图2-36）、水院、山院等多个庭院。这些庭院大小不一，形状不同，分布不规则，打破了原来规整、层层递进的院落分布，虚实相间，疏密得宜。在院落之间穿行的线性交通廊道蜿蜒回转，曲折尽致，使整体空间灵活多样，内外交织，富有生机。

在对"眼前有景"的塑造上，建筑师创造性地提出以"几何"营造"胜景"的设计概念，将建筑空间与自然空间进行了艺术性融合。考虑近景山、前景山、中景山、远景山的不同层次，建筑的屋顶尺度是介于自然山体尺度和小镇民居尺度之间的，可以被看作是人工物和自然物之间的转化中介。建筑师在整组建筑的东南角设计了一个观景台，错落起伏的屋顶成为观景台视点和远景山之间的中景山。

屋顶上部在庭院中露出连续的折线形断面，就形成了近景山的意象，甚至把屋顶瓦延伸到墙面，形成一种类似画面透视的错觉，给人以"入画"之感。前景山是更小尺度的"片石假山"。"片石假山"采用了从自然假

图2-36　绩溪博物馆树院

---

① 李兴钢，张音玄，张哲，等.留树作庭随遇而安折顶拟山会心不远：记绩溪博物馆[J].建筑学报，2014（02）：40-45.

山形态中抽象而成的几何图案，既有胜景的意境，又体现了人工环境的诗意。"片石假山"里面是半隐藏着的楼梯，人在其中既可以感受到"山石"与身体的互动，又成为其他参观游览者眼中的"画中人"（图2-37）。

我国当代建筑师王澍、董豫赣等倡导从当代建筑设计角度对传统文化进行再认识，探索传统审美语言在当代建筑设计中的借鉴与转化。王澍提出建筑"如画"，向传统山水画学习，不是把建筑画得像山水画效果图，而是要走进画中，成为真实存在的状态，使建筑成为一种特别有中国意味的空间境况的身体经验[①]。在他的代表作之一宁波博物馆建筑创作中，王澍效法北宋山水画和苏州园林，也实现了疏密得宜、曲折尽致、眼前有景的"三境界"，完成中国古典美学意境的现代表达。

【宁波博物馆】
宁波博物馆建筑的设计概念源于在过于巨大空旷的城市尺度下，人要向自然学习，将建筑设计为一座具有独立生命的物，从而恢复城市生机结构的想法。[②]因此宁波博物馆的外观被设计为一座山的片段。山是中国人寻找失落文化和隐藏文化之地，山是连绵的，有生机的城市结构也是连绵的。建筑师从北宋的山水画中领悟到人如何与一座山共同生存，效法北宋山水画的"大山法"，从而设计了"得山的真意"的建筑。

博物馆建筑在上半段开裂为类似山体的形状，将一个生硬的方盒子瓦解为具有"自然形态"的物体。下半段是一个简单的长方体，成为第一层的"山"。入口要穿过中部一个扁平的、跨度30米的洞口进入建筑内部。上部的一个山谷断口处，一座尺度超宽的阶梯通向远处的第二层"山"。断开的山谷是有意的留白，疏密相间，将自然引入建筑（图2-38）。

内观整个建筑，室内还有两处有大阶梯的山谷状空间，几处破开屋顶的洞口和下沉式的庭院。人在洞口上方的廊道曲折穿行，如在

图2-37 从绩溪博物馆廊道看"片石假山"

图2-38 宁波博物馆南立面

① 王澍. 将实验进行到底 写在"不断实验：中国美术学院建筑艺术学院实验教学展"之前 [J]. 时代建筑, 2017 (03)：17-23.

② 王澍. 自然形态的叙事与几何：宁波博物馆创作笔记 [J]. 时代建筑, 2009 (03)：66-79.

图 2-39　宁波博物馆室内

山间游走，俯仰间，回转处，步移景异。建筑的内外墙体由竹条模板混凝土和用 20 多种回收旧砖瓦混合砌筑而成，螺旋状盘桓曲折的线条包围着深邃的空间，形成一种既自足又无限延展的结构（图 2-39）。

建筑的北段被人工开掘的水池所包围，近处的岸边种植芦苇，中部入口处有一道石坝，远端的尽头是大片鹅卵石滩，近景、中景、远景尽收眼底。在建筑开裂的上部，隐藏着一片开阔的平台，透过四个形状不同的裂口，目之所及是远方的城市、稻田与山脉。

本章训练和作业

作业内容：根据地方性文化主题、纪念性文化主题、艺术性文化主题类型，分组完成设计概念生成的案例分析。通过案例分析，理解并熟悉不同类型的文化主题所反映的文化研究视角，掌握从不同视角生成设计概念的方法，提出所做项目的设计概念。

作业时间：课内 3 课时，课后 6 课时。

教学方式：理论讲解与案例教学相结合，同时进行设计实践指导，帮助学生在不断尝试和修改中，生成具有合理性和创新性的设计概念。

要点提示：文化主题建筑的设计概念不是凭空而来的，而是与对文化主题的理解密切相关的。每个人都可以从自己对项目的文化理解出发，提出不同视角的设计概念。地方性文化主题、纪念性文化主题、艺术性文化主题的划分并不是绝对的，也不可能全面覆盖设计概念的生成，鼓励学生提出具有综合性和创新性的设计概念。

作业要求：根据文化主题的类型自愿分组，每个学生收集两三个设计概念生成的案例，在组内进行案例分析交流。每个学生提出自己方案的设计概念，在课堂上与指导教师交流。

课后作业：分析案例，绘制设计概念草图。

第三章 场地设计

![section divider]

本章教学要求与目标

教学要求:

引导学生从景观视角和场所视角理解场地设计的类型和特点,深入了解场地设计对表达文化主题的重要作用,针对不同的设计类别提出适宜的场地设计策略。

教学目标:

(1)知识目标:了解景观视角和场所视角的场地设计类型与特点,理解景观、地景、场所、场所精神等基本概念,掌握相关的场地设计理论和典型案例。

(2)能力目标:能合理选择并灵活运用景观都市主义和场所现象学理论指导不同类型的文化主题建筑场地设计实践,提出适宜的场地设计策略和方案。

(3)价值目标:培养学生的生态文明和可持续发展的价值观,鼓励学生坚持生态保护、环境友好和可持续发展的设计原则。

本章教学框架

本章引言

什么是场地设计

一般来说，场地设计是为满足一个建设项目的要求，在基地现状条件和相关法规、规范的基础上，组织场地中各构成要素之间关系的设计活动。其根本目的是通过设计使场地中的各要素，尤其是建筑物与其他要素之间能形成一个有机整体，以发挥效用，并使基地的利用能够达到最佳状态，充分发挥用地效益，节约土地，减少浪费。[①]

从工作内容上看，场地设计包含了建设用地范围以内、建筑物单体以外的所有设计活动，包括从场地内部交通、景观绿化设计到场地竖向、工程设施设计等的总体安排和详细设计。单体建筑的场地设计一般表现为总平面图，复杂的场地设计还会涉及土方平衡、道路管网、景观绿化等专项设计图纸。

文化主题建筑的场地设计

文化主题建筑在场地设计方面的考量不同于一般的功能性建筑，除了要关注实用性和工程性层面，解决建筑外部的空间分布、物理尺度、可利用性等问题，还要从文化层面对场地赋予人文意义。1999 年，吴良镛先生在国际建筑师协会第 20 届大会通过的《北京宪章》中提出广义建筑学理论。以广义建筑学为基础，形成了城市、建筑、景观三位一体的设计之路。建筑物、景观和大地形态的融合和重建，打破了彼此之间的隔阂，创造出一种强调连贯性和表现力，而不是孤立、迎合的全新设计形式。

本章分为景观视角下的场地设计和场所视角下的场地设计两个小节。"景观"视角突出场地作为景观单元对城市开放空间的整体价值，"场所"视角强调场地作为特定场所所具有的精神意义。两者都使建筑所处的场地超越了单纯的"工程建设用地"的实用性含义，而赋予场地设计更多文化价值、思想价值和精神价值。

---

① 张伶伶，孟浩．场地设计 [M]．2 版．北京：中国建筑工业出版社，2011．

第一节 景观视角下的场地设计

景观（landscape）一词最早源于地理学，用来描述某地区的地理特征，指自然界中地表形态、肌理等综合呈现出来的地貌景观，是大地区域的总体性特征。广义的景观包括自然环境、人工环境各要素随着时间的层层积淀而形成的空间景观系统。每个地方都有其独特的土地利用、岩体、水流、植被类型等要素，形成不同的景观类型。常见的自然景观类型包括山、湖、溪谷、塘、沙丘、海洋、森林、沙漠、牧场、小溪、河流、平原、沼泽、丘陵、山谷等。景观地段不同要素之间的和谐，不仅能让人心情愉悦，还能激发人们对美的感知，因为美的定义就是"所有感性要素之间明显的和谐关系"。自然景观的美包含许多方面，

如奇异、精致、纯然、庄严、轻飘、田园诗般、优雅、宁静等。

1. 结合自然的场地设计

在景观视角下，好的场地设计方法就是依自然而建，尽量减少人工干预，遵循物质和空间的经济学法则，使建筑物和地形紧密结合，在自然中体现人的尺度和魅力（图 3-1）。正如《景观设计学》所述，"对规划方面最成功案例的深入分析会揭示这样一个事实：我们实现的最伟大的进步，不是力图彻底征服自然，也不是盲目地以建筑物替代自然特征、地形和植被，而是千方百计地寻找一种和谐统一的融合。为达到这种和谐统一，可以借

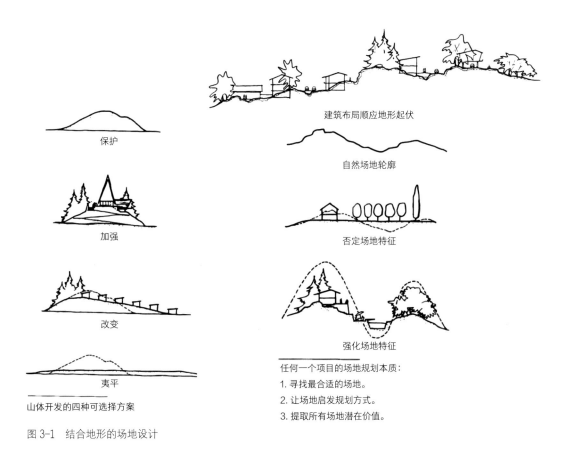

图 3-1 结合地形的场地设计

助于调整场地和构筑物的形式使之与自然相适；可以借助于将山丘、峡谷、阳光、水、植物和空气引入规划之处；可以借助于在山川间、沿溪流和河谷慎重地布置构筑物，使之融入景观之中。"①

近年来，随着我国对生态环境保护和自然景观生态的重视，越来越多的文化建筑设计采用了结合自然的场地设计策略，尊重环境和地形起伏，削减单体建筑的体量，使建筑与山体、河岸、挡土墙等融为一体，减少对当地风貌产生的不利影响。在一些优秀案例中，结合地形的设计成为文化建筑突显主题，塑造独特建筑形象的创作依据。

【湖北青龙山恐龙蛋遗址保护博物馆】
湖北青龙山恐龙蛋遗址保护博物馆以青龙山恐龙蛋化石群为主要展览内容。恐龙蛋化石群对研究古地理、古气候、地球演变、生物进化，探讨恐龙蛋化石的系统分类与演化，探索恐龙灭绝原因均具有重要的科学价值。1997年，该恐龙蛋化石群遗迹保护区被国务院列为国家一级地质遗迹保护区。博物馆占地5000平方米，建筑面积1000平方米，长70米，竖向高差达15米。

设计师遵循考古保护与挖掘的流程，以遗址分布为基本前提，依据恐龙蛋化石群位置在山野间设置木质栈道和观察平台，蛋群、栈道及平台的外包络便形成了博物馆的基本形态。②面对起伏较大、坡度变化不规则的地形，设计师没有改变蛋群赖以存在的原始地表状况，而是采用合理的体型处理方法，按地形坡度变化规律将建筑分成若干段，彼此

之间用不规则的凹入型侧窗相连接，使建筑体现了自然地形的特点（图3-2）。

在一些人工环境与自然环境衔接的城市界面，考虑到不同时段自然环境有规律的变化，在设计中加入时间因素的影响，能让城市设计更具灵活性，减少自然带来的不利影响。从景观的视角来看，自然景观随季节的变化也使建筑突破了时间维度上的静止状态。对生态多样性的考虑突破原本仅仅设计建筑的局限性，使得建筑与景观、城市与景观之间的界限被打破，让学科的参与更加多元。

【纽约长岛猎人角南海滨公园】
美国纽约长岛猎人角南海滨公园的城市景观设计保留了场地原有的湿地景观，作为涨潮时疏散潮水的方法之一，城市设计在涨潮与落潮时有不同的功能回应。建筑师考虑到了洪水的涨落，设计了一个月牙形景观。当潮水漫起时，水位线会刚好浸没其设计的人工草坪，留下月牙形台阶座椅；而当潮水落下后，完整的场地会显露出来，可供市民游玩。该公园还采用一种新的滨水复原力模型，用"柔软"的方法来保护水边免受洪水侵害。一条小径沿着堤道蜿蜒而行，略高于河流，沿着河流边缘的沼泽栖息地，保护了近6万平方米的新湿地（图3-3）。景观、建筑与基础设施以具有创新性的方式完美地融合在一起，将一个原本遭受污染的铁路沿线场地变成了生机盎然且能够承担丰富社区活动的滨河公园。通过"柔软"的介入方法，设计充分尊重了场地中多样化的遗产，将落日海角、小岛保护区以及带有蜿蜒路径的潮汐湿地与场地的地形融为一体。

① 西蒙兹，斯塔克.景观设计学：场地规划与设计手册[M].朱强，俞孔坚，王志芳，等译.北京：中国建筑工业出版社，2000.
② 李保峰，丁建民，徐昌顺.青龙山白垩纪恐龙蛋遗址博物馆适宜建造研究[J].建筑学报，2014（07）：102-106.

图 3-2　湖北青龙山恐龙蛋遗址保护博物馆

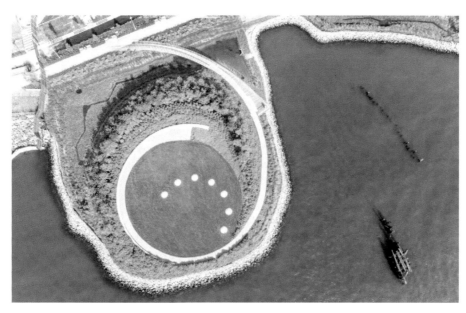

图 3-3　纽约长岛猎人角南海滨公园城市景观设计

在一些文化建筑案例中，设计师主动引入时间因素进行场地与景观设计，也可以成为建筑创作的核心概念，形成独特的文化主题。

【沈阳建筑大学"稻田校园"】

以沈阳建筑大学"稻田校园"设计为例，设计师用水稻这种传统农业生产的种植物作为建筑景观的一部分，引入时间的维度，留给人与自然做功的空间。校区土地原本是农业用地，以水稻种植为主，土地肥沃，为景观作物的生长和繁殖提供了良好的基本条件；新校区近邻浑河，地下水位较高，地下水丰富，形成了景观作物生长和繁殖的又一必要条件。[①] 保留稻田并对其形式进行重新设计后，可以形成四季交替的独特的稻田景观，既为学生提供学习之余的休闲娱乐场所，又具有深刻的教育和文化意义，成为沈阳建筑大学独特的校园文化景观，表达了对中国传统"耕读"生活方式的现代转译和文化传承（图3-4）。

建筑空间因水稻的季节性栽植、生长和收割

而被赋予了动态的意义，设计创造的结果不再是一个固化的物象，不仅可以生长还可以自我消解，同时又需要人为的干预，并且这种人为干预成为一种面向自然的优秀行为。[②]

2. 地景建筑的场地设计

中国历史上的地景建筑可以追溯到秦朝，到隋唐已形成较为复杂的系统。历朝历代修建的宫苑、皇陵、园林等都是地景建筑的代表，具有"天人合一"的景观、生态与人文相和谐的特点。中国地景建筑的场地设计主要研究在人工工程建设中如何结合自然、因藉自然[③]（图3-5）。

20世纪50年代至60年代，毯式建筑的实践对西方现代地景建筑的产生起到了推动作用。提出毯式建筑的"十人组"认为，建筑应打破单一功能，以单元形式进行有弹性的组织，因此采用水平延展的肌理、灵活的单元组织系统和数的美学等形式，代表人类社会复杂性的联系结构，适应生活的多变、弥补人与环境的脱离[④]。柯布西耶在威尼斯医院方案中

图 3-4 沈阳建筑大学"稻田校园"景观

---

① 俞孔坚，韩毅，韩晓晔. 将稻香溶入书声：沈阳建筑大学校园环境设计 [J]. 中国园林，2005 (05)：12-16.
② 孔祥伟. 稻田校园：一次简单置换带来的观念重建 [J]. 建筑与文化，2007 (01)：16-19.
③ 佟裕哲，刘晖. 中国地景建筑理论的研究 [J]. 中国园林，2003 (08)：32-39.
④ 陈洁萍. "小组十"、柯布西耶与毯式建筑 [J]. 建筑师，2007 (04)：50-60.

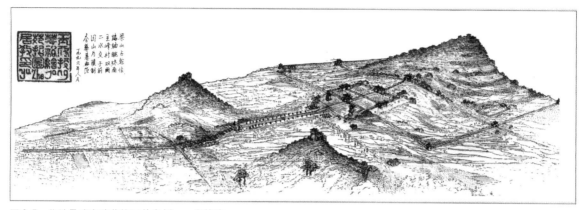

图 3-5 依地景确定陵墓格局的实例——唐乾陵

图 3-6 毯式建筑的经典案例——威尼斯医院

如同毯子一般水平铺开在城市之中的构思，反映了毯式建筑的探索，也可以被视为地景建筑的早期构想（图 3-6）。毯式建筑在设计初期就引入人的感知与体验，且更加注重人与自然的关系，适应当代建筑要求。地景建筑延续了毯式建筑原型中水平向延伸的形态，以及把人放在第一位的设计思想。

20 世纪 60 年代末，西方大地艺术及相关理论也为现代地景建筑的产生奠定了基础。地景建筑继承了大地艺术与自然结合的特点，通过对自然进行标识、建造和重构，形成与工业文明对抗的艺术形式，强调遵循自然规则并与场地环境紧密连接。大地艺术的发展使景观和建筑空间相互渗透，模糊了建筑和景观、规划的学科界限，促进了建筑和景观营造等领域的互动融合，并进一步发展演变

成多学科交叉的地景建筑。

20 世纪 90 年代，美国学者查尔斯·詹克斯（Charles Jencks）提出了"地景建筑"（landform architecture）概念，倡导结合大地艺术与城市设计的建筑形态"地景化"创作方式。在 2004 年第九届威尼斯国际建筑设计双年展上，詹克斯将"地景建筑"定义为建筑形态经过对大地形态的回应、介入、重塑、整合之后，表现出水平延伸的大地景观的特征，并最终达到建筑与大地形态的同质。

地景建筑充分利用建筑的"第五立面"，使建筑起伏且富有高差等变化的屋顶如同水平生长的景观一样在城市中蔓延，进而提供人与环境的互动空间体验，使建筑与城市生活产生联系。地景建筑强调人与自然之间的情感对

话，通过巧妙的设计削弱、消隐建筑的体量，注重人造建筑景观与城市自然景观紧密结合，以自由、开放的姿态延续着原有的城市肌理，将建筑变成"城市自然聚落"的连结体，鼓励市民积极交流，促进城市文化发展。

【四川汶川特大地震纪念馆】

"5·12"汶川特大地震纪念馆是为纪念2008年5月12日汶川特大地震而建立，是这次大灾难后修建的众多地震纪念馆中唯一的国家级纪念馆。场地设计通过融入环境的裂缝造型，在以强烈的视觉表现力再现大自然的力量的同时，完整平实地记录灾难事件，真诚祭奠死难者，从而唤起人们对人与自然关系的重新思考。整个纪念馆被土坡覆盖，建筑最后几乎是看不见的，能看见的只有场地上的裂痕。经过简化与抽象的裂缝，以充满张力的戏剧性表达，与寂静的大自然形成强烈对比（图3-7）。

3.景观都市主义的场地设计

景观都市主义理论来自景观建筑学领域。1901年，哈佛大学创建了景观建筑学（landscape architecture）专业，自此，景观建筑学成为一门独立的系统性学科。景观建筑学从更宏观的尺度理解景观建筑，强调对景观整体及其中所包含的建筑单体进行一体化设计。景观建筑设计范围十分宽广，大至国家级的生态保护与规划、城市的绿地系统规划、区域性的风景规划，小至城市公园、广场、住区、城市小品等景观设计，涵盖了人居环境全尺度领域。"景观建筑"一词的英文是landscape architecture，其中landscape本身就具有丰富的内涵，如风景、景观、地景、园林等。

21世纪初，美国景观建筑师查尔斯·瓦尔德海姆（Charles Waldheim）提出景观都市主

图3-7 "5·12"汶川特大地震纪念馆

图 3-8　西雅图雕塑公园

义理论（Landscape Urbanism），重新描述了当今城市建设所涉及的相关学科先后次序的排列，以景观取代建筑成为城市的基本组成部分。该理论将地球视作一个"超级综合体"环境，所有的建筑和开放空间都是这个空间里的隆起和凹陷，所有可见物都是"广义景观"的一部分。"景观取代了建筑，成为当代城市发展的基本单元。"[1] 建筑物的存在不仅是城市空间和肌理的构成要素，还是城市景观的重要组成部分。在景观都市主义理论下，建筑设计强调建筑与景观一体化原则，与景观设计和城市设计一样，应当跨越学科之间的藩篱，成为跨学科发展的融合剂。

【西雅图雕塑公园】

西雅图雕塑公园的景观建筑场地原为被污染的石油转运地，面临西雅图海岸线，但因长久废弃，场地与城市文脉存在一定程度的割裂问题。场地同时还面临一条城市铁路。设计师希望场地上的城市景观可以与滨水空间产生联系，于是在场地上设计了一个逐渐升高的"Z"形建筑，从顶部到底部有 12.2 米高差，建筑屋顶的"Z"形走道向行人开放，随着高度的变化会给行人不同的视觉体验。作为景观与建筑的纽带，它联通了原本割裂的场地与城市滨水空间，让建筑外的行人可以自由地从城市边界的水岸漫步至城市之中（图 3-8）。分层且有厚度的地表空间使其在原有的场地上重构了场地的复杂性，同时又以极其简洁明了的设计手法来表现这一"人工地表"。原本破碎的场地关系，通过如同缝补剂一样的设计将场地两岸紧密联系起来。[2]

① 瓦尔德海姆 . 景观都市主义 [M]. 北京：中国建筑工业出版社，2011.

② 刘孟荀 . 景观都市主义在当代公共建筑设计中的影响研究：以美国东海岸建筑事务所作品为例 [J]. 园林与景观设计，2020，17（12）：157-160.

【日本横滨码头国际客运中心】

日本横滨码头国际客运中心也是此类案例的代表。场地延续了日本城市复杂的城市肌理，抽象出一系列复杂的曲面变化，通过剖面的组合形成了一个完整且有厚度的切片式的巨大人工地景（图3-9）。水平延展的地景式形体可避免对滨海景观的视线遮挡，使其成为海岸的延伸。在建筑的表面，人们可以自由地行走、漫步甚至滑行，而在巨大"人工地表"的内部，则是承担建筑主体功能的一系列自由市场。这种再造人工地景的设计，使得横滨码头的水平景观得到了某种意义上的延伸，使得城市的公共性最大限度地引入建筑之中。

图3-9 日本横滨码头国际客运中心

第二节 场所视角下的场地设计

"场所"的概念来自现象学。现象学是西方20世纪最重要的现代哲学思潮之一。场所现象学，也称人居环境现象学或人居世界现象学，其中心议题涉及人、环境、场所、建筑和世界等内容，是指人们自觉或不自觉地运用现象学方法，对人与环境关系所进行的研究。

20世纪60年代末，挪威建筑理论家克里斯蒂安·诺伯格-舒尔茨（Christian Norberg-Schulz）第一次有意识地把埃德蒙·胡塞尔、马丁·海德格尔、莫里斯·梅洛-庞蒂等人的现象学思维引入建筑学领域，以现象学为基础构建了理论意义上的建筑现象学体系，为建筑理论的发展做出了重大的贡献。海德格尔的存在主义现象学，即对存在的本质的认识，以及"人，诗意地栖居"本质的探寻，引发了舒尔茨的哲学思考，促成其书《存在·空间和建筑》的产生，该书从地理、景观、城市、住房和用具五个层次探讨人与环境间的基本关系。1980年，舒尔茨又撰写了建筑现象学的经典教科书《场所精神——迈向建筑现象学》。

20世纪90年代，美国建筑大师斯蒂文·霍尔（Steven Holl）认为现象学不是一种设计方法，而是一种关于建筑和场所本质的哲学基础，不采用现象学的设计方式就无法真正掌握建筑和场所的精神，从而无法正确解决建筑问题。现象学精神的本质是排除任何间接的调解，直接掌握事实真相的发展，打破旧有的思维，以此建立新的个人思维与经验

的价值观。他通过强调建筑与场所之间的关系，强调对建筑的感知和经验，将现象学理论成功应用于建筑设计理论和设计实践中，实现了建筑的"人性化"和"生活化"。

1. 场所与场所特性

场所代表的意义不只是抽象的区位（location），还是符合具有独特认同性的地方状况，是由具有物质的本质、形态、质感及颜色的具体的物所组成的一个整体。这些物的总合决定了一种"环境的特性"，即场所的本质。所有场所都具有特性，特性是既有世界中基本的模式。在某种意义上，场所的特性是时间的函数，因季节、一天的周期、气候，尤其光线因素而有所改变。场所是定性的、整体的现象，如果忽略其任何的特质，如空间关系，都将丧失其具体的本性。理解现象学的场所概念，体验场所具有的特性或气氛，需要对这种明确的整体进行一套系统的观察。

自然元素是场地中的主要组成部分，因此场所经常以地景的术语加以定义，如山地、林地、坡地、湿地等。地景是自然场所一系列环境层次中稳定的特质，这些特质在环境层次中构成日常生活中的综合舞台。地景特殊的特性和空间的特质由其连续扩展的情形而定。自然场所的环境层次上至国家、州郡，下至一棵树下的阴凉处，尺度差异极大。地和苍穹虽然会随季节而变，却是所有环境层次中的稳定元素，在"表现特性"上扮演着决定性的角色，也是讨论地景的出发点。

场所可用地形加以描述。地形一般表示一处场所的实质形态，也就是地理学者所称的地表起伏（surface relief）。地表起伏的变化经常创造出方向性和界定的空间，因此需要对结构和起伏的尺度加以区分。结构可以用节点、路径和区域加以描述，亦即使场所中心化的元素，如孤立的山丘、高山或环绕的盆地。有些元素如山谷、河流、溪流指示了空间的方向，有些元素则界定了扩展的空间模式，如较整齐的原野和山丘形成的簇群。这些元素的效果因其向度不同而有很大的不同，因此依照需要从微小、中等、超大三种层次加以区分。微小的元素所界定的空间无法满足人的需求，而超大的元素又太大了，空间在方向上和向度上适合人居住的是中等的或"人性的"尺度。这一级的场所可能在环抱的地景中形成，能为人提供亲密住所。地表起伏的差异影响地景的空间特质，甚至地景的特性，例如"荒野的"和"友善的"特性，地表起伏也可能具有基本的共同特质，如"无垠的"扩展。同时这些特性也可能被质感、颜色和植物所强调或减弱。地表起伏和植物经常结合在一起，形成非常特殊的地景。由植物所衍生的典型场所，如森林、小树林与田野，其重要性在于它们是有生命力的。当植物成为主要的特征时，地景通常都由此特质而命名，就像各式各样的森林一样。在森林地景中，地表起伏并不像植物的空间效果那么重要。水的出现通常给起伏上缺乏这种向度的地景添加了某种微尺度，或给已经具有微层次的地景添加一些神秘性。当水以湍流或瀑布出现时，自然本身就变成流动和动态的。湖泊和池塘的反射面也有种反物质的效果，阻碍了稳定的地形结构。而在沼泽地景中，地表有极大的不确定性。相反，河岸或湖畔则形成明确的边界，经常成为地景主要的结构元素。通过地表、起伏、植物

和水的相互作用，具有特性的整体或场所形成，构成了地景的基本元素。

场所特性由场所的材料组织和造型组织所决定。场所结构的呈现将会很明显，像环境的整体一样，包括了空间与特性的观点。这些场所是疆土、区域、地景、聚落、建筑物。要对场所进行分类时，通常会用到诸如岛屿、岬、海湾、森林、丛林、广场、街道、中庭以及地板、墙、屋顶、天花、窗户、门等用语。场所以这些名词命名，暗示着场所被视为真实的"存在之物"。而空间则是一种关系系统，并由介词所表示。在日常生活中，我们很少只谈及"空间"，而是以物在上或在下，在前或在后，在……之中，在……范围内，在……之上，由……到……，沿着……，紧邻……来表达。这些说法表示物在地形上的关系。

舒尔茨认为，建筑现象学的基本内容包括自然环境、人造环境和场所三个方面。**自然环境**由天地中的自然元素组成，它们之间的相互影响和作用，构成了人类存在的基础和重要内容，存在内容的源泉就在自然环境之中。世界由天空和大地之中的事物组成，并在时间中获得历史。因此在考察自然环境现象时，舒尔茨以大地、天空和时间为轴心，归纳了人们理解自然环境现象的五个方面：自然元素的力量、秩序、特征、光线和时间。具有典型代表意义的自然环境气氛可以分为浪漫的、统一的和古典的三类。浪漫的自然环境被定义为一种由大量不同的微小尺度环境构成的缺乏统一和普遍秩序的丰富且充满原始自然力量的环境，如北欧的自然环境。统一的自然环境特征是单一，尺度宏大，明确而简单，绝对而恒久，如沙漠地区的自然环境。位于两者之间的是古典的自然环境，其结构

既不是单一的，也不包含复杂多变的层次，古希腊的自然环境就符合这种环境的特征。**人造环境**与人们在世界中的居住有着更为密切而直接的关系，是人们存在于世的根本而直接的基地。人造环境具有结构和意义，能够帮助和指导人们理解和体验世界中的事物及其意义。在舒尔茨看来，人造环境的结构和意义包含了两个方面的内容，一是反映人们对自然环境的理解，二是体现人们对自身存在状况的认识。人造环境的一个基本任务和重要内容就是具化自然现象并与其建立积极而有意义的关系。**场所**是自然环境和人造环境相结合的有聚集意义的产物，是人们生活的场地。人们在场所中的居住不仅意味着身寄于场所之中，而且还包含了更为重要的精神和心理上的尺度，即心属于场所。场所的精神与场所结构密切相关，通过揭示人与环境的总体关系，有力体现出人们居住于世的存在尺度和意义。[①]

2. 基于场所精神的场地设计

场所精神是人内心主观意识空间与客观存在空间的融合。相对于场所，场所精神具有更加广泛的意义，即人在参与活动的过程中所感受到的一种场所氛围，从而对场所萌生出的归属感或认同感。场所精神是这个场所符合当地的地形、气候、居民生活的一种气质，进而转化成由不同的物理形式唤起人们的精神共鸣。人造环境聚集了不同的建筑空间和元素，它们的形式和特征产生了环境的结构和意义，定下环境总体气氛的基调。通过对自然的模仿、借鉴和移植，人造环境具化了自然现象。同时，人造环境聚集了人们的生活，并将相应的生活方式体现在具体的形式之中。

存在于大地之上意味着在苍穹之下。虽然苍穹是遥不可及的，但是它具有具体的特质，同时在表现特性的功能上非常重要。天空可以呈现"低沉"与"高扬"的气氛，其效果主要来自两个因素：一是天空本身的组成，即光线和颜色的品质，以及具有特色的云的表现；二是和地面的关系，即从下仰视天空的情形，在开阔的平原，当天气晴朗时，在有显著的地表外貌或丰富的植物的场所，天空所见的范围与展示的气氛各不相同。在空间对比下，地景变得亲切而压迫。大地是人们日常生活的舞台，因此人类的存在空间最简单的模式就是在水平面上由垂直轴线贯穿。

地表的物理性可通过质感、颜色表示，如沙、土、石头、草、水等元素的质感、颜色，而植物是赋予地表起伏转换的最终元素。相同的起伏可能具有不同的气质，是肥沃的平原还是荒芜的沙漠，完全取决于植物的有无。地表起伏上的差异衍生出一系列的场所，如我们所熟悉的平原、山谷、盆地、峡谷、山丘、高山。这些场所都有清楚的现象学的特性。平原是扩展的空间，山谷则是被界定的、具有方向性的空间。盆地是集中化的山谷，空间呈现出被包围的、静态的状态。因此山谷和盆地具有超大或中等的尺度。峡谷所表现的特色则是"可怕的"狭小。山丘和高山与山谷和盆地是互补的空间，其结构特质一般由坡度、脊线和山顶、山峰等词汇加以描述。而山谷常常被河流所强调，盆地的意象则由湖泊所强化。岛屿是一个极出色的场所，像是一个孤立的、界定清晰的图案。就存在的意义而言，岛屿引导我们回到起源，回到任何事物皆由此而生的元素中。

---

① 诺伯舒兹. 场所精神：迈向建筑现象学 [M]. 施植明，译. 武汉：华中科技大学出版社，2010.

在场所中，建筑物通过固着大地、耸向苍穹，与环境产生关联。最终人为环境包括了人造物，成为内部的焦点，强调聚落集结的功能。从这种观点出发，在注视一幢建筑物时，必须考虑它是怎样坐落于大地的，又是怎样耸向苍穹的。海德格尔说："单独的房子、村庄及城镇是在其中或其周围的建筑物集结各种中间物所形成的成果。建筑物以居住的地景拉近了大地与人的距离，同时在辽阔的苍穹之下安置邻里住所的亲密性。"

场所本身因为场所要素的不同，具有独特的气质特点，是建筑师在场地设计时的重要依据和灵感来源。同时，敏锐地发现并提取、展现这种场地的气质特点，也成为对建筑师更具挑战性的要求。舒尔茨提出人造环境与自然环境相联系的三种基本方式：显现（visualization）、补充（complementation）和象征（symbolization）。**显现**是指通过构建与自然环境结构和特征相呼应的人造环境，使原有的自然环境更为明确有力地体现出来。**补充**是指人造环境对特定自然环境的补充，即在前者中加上后者所缺少而又为人们生活所必需的东西。所有的人造环境都或多或少具有这种属性，统一自然环境中的人造环境似乎更为突出。**象征**具有一种来自具体状况但又超越其上的特质，因为它与某种带有普遍性的意义相联系，能将人们所经历的意义从其产生的特定背景中提炼和解放出来，使含有特定意义的人造形式有可能从其产生地"移植"到另一环境之中。

【芬兰珊纳特赛罗市政厅】

芬兰著名建筑师阿尔瓦·阿尔托（Alvar Aalto），提倡"人情化与地方性建筑"，他设计的珊纳特赛罗市政厅体现了对场所精神的显现、补充和象征。

珊纳特赛罗是一个可容纳 3000 人的小型自治市，市政厅建筑是一个小型的多功能综合体，包含了市政厅、商店、图书馆和公寓等多种功能。市政厅场地位于两条路径连接小镇广场的节点位置，处于角度非常小的缓坡上。

山坡上郁郁葱葱的松树林赋予这个场地很强的北欧自然环境特点。市政厅建筑以人造的台地为水平基线，细致地处理场地高差，将主要功能部分以随意而有序的低矮形体布置在台地边缘，形成与缓坡山地的自然环境相似的建筑结构和特征，建筑色彩与松树树干相协调，亲切宜人的空间尺度、地方化的建筑材料营造出温暖而舒适的氛围，"显现"了具有北欧特色的地方性场所精神（图 3-10）。

作为现代社会的公共建筑，珊纳特赛罗市政厅通过功能分区和开放性的体量组织，满足小型城市公共活动中心的使用需求，并通过几何形体的丰富多样的空间变化，"补充"了具有现代性的场所精神。

同时，建筑师希望将这一具有公共象征性的建筑营造成具有精神凝聚力的场所，因此将建筑的不同功能部分组合成一个类似于意大利山城广场的高低错落的围合院落，表达了公共建筑的纪念性。两部分建筑主体以"一"和"凵"形的围合而形成一个内向型的院落，为社区人们营造了交流和活动的场所。阿尔托曾解释说，"我以被围合的中庭作为设计的首要主题，因为在某种神秘的意义下中庭强调社交本能。自古代克里特、希腊和罗马起，历经中世纪和文艺复兴等时期，在政府建筑及市政厅的建造上，中庭至今保存着其重要性。"还在最高处建设有坡屋顶的市政厅礼堂，形成塔楼意象，成为建筑的制高点和路标，"象征"了具有凝聚力的场所精神。

图 3-10　芬兰珊纳特赛罗市政厅

【成都鹿野苑石刻艺术博物馆】

刘家琨设计的鹿野苑石刻艺术博物馆也是通过建筑"显现"场所精神的案例。博物馆坐落于四川成都郊外的郫都区新民镇云桥村，场地位于一块河滩与树林相间的平地之上。"鹿野苑"这个名称具有佛教含义，博物馆以佛教石刻为藏品。设计师领会到"从精神上脱离农地，适应传奇"的场所精神，基于周围的环境特色，将巨石的意象运用到博物馆的造型上，通过混凝土来讲述一段关于"人造石"的神话。该建筑犹如自然天成，生长于自然环境中，运用一系列空间序列，使观者穿越不同的自然空间和人造空间。设计师利用建筑体块之间的缝隙组织光线、展品和风景，使建筑融于自然环境，在建筑物中营造出与佛教相对应的宁静、神秘的气氛，创造出独特的场所氛围（图 3-11）。"它突显灰色的天空和常绿的环境，使建筑物整体在天空和土地之间取得和谐的关系。"[1] "一条坡道由慈竹林中升起，从两株麻柳树之间临空穿越并引向半空中的入口。"[2]

场所精神还与纪念性空间的价值表现程度有着紧密的联系。场所精神是纪念性空间设计的基础与目标，场所精神的表达直接影响到纪念性空间的纪念意义与纪念价值的实现。在纪念活动中，主体与场所环境产生对话交流，当纪念主体的心理情感需求在此得到满足时，便产生认同感，场所精神也随之产生。除了通过建筑显现场所精神外，纪念性文化主题建筑也常常通过场地设计营造场所精神，

① 刘家琨. 鹿野苑石刻博物馆 [J]. 北京规划建设，2004（06）：176-182.
② 同上。

图 3-11　鹿野苑石刻艺术博物馆

以符合不同的文化传统和环境条件。

【侵华日军南京大屠杀遇难同胞纪念馆】

侵华日军南京大屠杀遇难同胞纪念馆系列工程，充分体现了我国几代建筑师在场地设计中对场所精神的营造。纪念馆一期场馆的所在地是侵华日军南京大屠杀江东门集体屠杀遗址和遇难者丛葬地，占地面积3万平方米，建筑面积5千平方米。场地设计以"生与死""痛与恨"为主题，将建筑与悼念广场、祭奠广场、墓地广场3个外景陈列场所进行了有序的组织，结合雕塑、纪念碑、遇难者名单墙、赎罪碑、记载着南京大屠杀的主要遗址等在场所中的一一展示，构成了主题性与纪念性的墓地景象（图3-12）。

扩建工程延续南京大屠杀遇难同胞的纪念主题，表达家国之痛、山河劫难和民族血泪，寄托对无辜同胞的告慰和对战争灾难的警示。场所精神的营造是纪念馆建筑的灵魂所在。"从战争前夕的压抑、紧张、不安定，到杀戮爆发时的愤恨、绝望、悲恸，最后到抗争胜利后的喜悦和对和平的祈愿……在极度压抑、绝望之后走向光明和平静，整个纪念馆谱写了一部完整的悲愤与伤痕的凝固交响曲。"场地设计包括序曲、铺垫、高潮与收尾，正好与狭长的地形相结合，使得时间和空间序列随着参观路线展开。西侧与城市融为一体，是开敞、豁亮的；东侧是压抑、封闭、与世隔绝的；前半部分的形式是断裂扭曲、锋利强烈的，后半部分的语言是平和简洁、规整有力的。开与合、围与敞、明与暗、内与外，观者在整个参观过程中随着场所主题不断变换，得到不同的情绪体验。该设计通过简约、明确的几何形体建筑语汇和完整、统一的空间序列的融合引发观者共鸣，精心创造肃穆悲怆、荒凉凝重的空间气氛，形成生与死、痛与恨、悲愤与痛苦的线索，契合

图 3-12　侵华日军南京大屠杀遇难同胞纪念馆一期工程

苦难民族的悲剧主题，给人以强烈的精神体验（图 3-13）。

纪念馆三期工程的主题是纪念抗日战争的胜利，与传统纪念馆建筑所追寻的庄重和肃穆感不同，三期工程的场所精神是表现中国人民对抗战胜利的喜悦和对和平的愿景。胜利广场与屋顶公园是三期工程场地设计的一大特色。广场的中部被抬高，沿广场两侧的坡道可以向上到达纪念馆的屋顶公园，观者站在屋顶上，可俯瞰周围的景色。胜利广场和屋顶公园是完全开敞式的，全天对外开放，成为周边居民的绿色休闲空间。建筑的体量感有意识地被弱化，倾斜的屋顶与城市地面的衔接拉近了人和场馆的距离，柔和的边界曲线和格栅式通透的外立

面进一步削弱了建筑物的实体体量。场地以开放的姿态吸引人们驻足体验，而胜利广场的向心性与昂扬向上的纪念碑则体现了中国人民勇于抗争、积极奋斗的民族精神（图 3-14）。

3. 基于"锚固"体验的场地设计

建筑师霍尔重视建筑与场所之间的关系，以场所现象学为基础，他的"锚固"建筑思想强调对于建筑、环境的一切认识和体验只能通过置身其中，并在其中真实地生活而获得[①]。个人对于环境场地、建筑的知觉体验，与具体的时间共同组成了建筑的不可替代的特性。所有的元素、细部、建筑功能、空间光线都应是自然而然生成的语汇，在场地中表达着设计的意念。在场所设计中，霍

---

① 霍尔. 锚 [M]. 符济湘，译. 天津: 天津大学出版社，2010.

图 3-13　侵华日军南京大屠杀遇难同胞纪念馆扩建工程室外空间　　　　图 3-14　侵华日军南京大屠杀遇难同胞纪念馆三期扩建工程

尔从知觉和真实经验上把握建筑与场所的现象关系，认为建筑是依据场地所特有的内涵而设计的，并与场地相融合达到超越物理的、功能的要求。为此，霍尔试图发现每一个项目与所在场所的独特关系，他称此为"锚固"。在 1987 年出版的《锚》一书中，霍尔认为"建筑物被束缚于所在的地点。不同于音乐、绘画、雕刻、电影与文学，建筑物同地方的历史发展背景相纠缠"，于是需要一种新的方式，从直觉和真实经验上把握建筑与场所的现象关系，在概念上将建筑与其表现的建筑学经验结合起来，实现建筑"锚固"于场地，从而将"场地"（site）变为"场所"（place）。

【芬兰赫尔辛基当代艺术博物馆】
赫尔辛基当代艺术博物馆是建筑师霍尔将"锚固"手法运用于场地设计的经典案例。该博物馆位于赫尔辛基市中心的核心位置，西面是行政中心芬兰国会大厦，东面是建筑大师伊利尔·沙里宁于 20 世纪初设计的赫尔辛基火车站，北面是另一位建筑大师阿尔托在

20 世纪 50 年代设计的芬兰大厦，南面则是市中心最古老繁华的商业街。场地一边平行于方格网状的城市道路，另一边正对锐角形的水岸线，刚好处于城市中心的景观交汇处，并位于伸向远处的图罗海湾的三角地带，是连接城市繁华的建成区与大尺度滨水区的节点空间，也是游客最大的集散地和当地文化的中心地带（图 3-15）。

面对如此复杂的环境，霍尔通过对场地的处理，作出了巧妙的回应。弯曲的"文化轴"将博物馆与芬兰大厦相连，而垂直的"自然轴"将景观连接至湾畔。两条轴线在场地当中真实地交错在一起。博物馆建筑主题"奇亚斯玛"（KIASMA）的含义是"解剖学交叉点"，充分体现了建筑作为"锚"之于场地的含义。博物馆采用弧形和矩形相搭接的组合形式，正面为矩形，与赫尔辛基的棋盘式城市道路格局相吻合，背面的弧形金属壳体则与图罗湾公园的海岸线及列车场相协调，两种几何类型交汇于入口大厅，实现了建筑"锚固"于场地（图 3-16）。

图 3-15　赫尔辛基当代艺术博物馆鸟瞰

图 3-16　赫尔辛基当代艺术博物馆与城市环境

对于特定场址中的文化主题建筑，"锚固"可以将从场地的第一感觉中产生的意念赋予建筑，形成建筑创作的灵感来源。彼得·艾森曼设计的西班牙加利西亚文化城，位于一片起伏的山坡上，其设计灵感源于圣地亚哥市的历史文化标志之———圣地亚哥朝圣路。在场地设计中，艾森曼希望将文化城与老城区的地貌进行完美融合，整个文化城的建筑结合山坡地势而变化，像影子一样覆盖在山腰之上。

【西班牙加利西亚文化城】
西班牙加利西亚文化城的场地设计模拟了通往老教堂的 5 条朝圣路线，将路线图与山顶地貌融合，并将包括图书馆、博物馆、歌剧院在内的 6 栋建筑置于道路网络中（图 3-17）。所有建筑形体都采用柔和的曲面，组合出起伏的形体，与周围的群山相呼应，并使用当地的石材与环境相融合（图 3-18）。建筑表皮模仿地图的经纬线覆以曲线，代表了其本身实体大小的地图。借由使用当地的石材以及中世纪的石工技巧，艾森曼巧妙地在现代的设计中融合了当地文化。

本章训练和作业

作业内容：熟悉场地设计理论，根据景观视角和场所视角的类型，分组完成场地设计的案例分析。通过案例学习，熟悉并掌握不同类型的场地设计理论及方法。根据任务书和设计概念，完成方案的场地设计。

作业时间：课内 3 课时，课后 6 课时。

教学方式：理论讲解与案例教学相结合，同时进行设计实践指导，帮助学生在不断尝试和修改中，完成具有合理性与创新性的场地设计方案。

要点提示：场地设计关注的是建筑与环境的关系，文化主题建筑的场地设计不仅要满足工程性的要求，还要通过建筑与环境的关系反映人与自然、与社会、与自我的关联。因此，对建筑所处环境的感知和理解是场地设计的基础。鼓励采用真实地形的项目，并组织学生对场地进行现场调研。

作业要求：根据景观视角和场所视角自愿分组，每个学生收集两三个场地设计的案例，在组内进行案例分析交流。每个学生提出自己的场地设计方案，在课堂上与指导教师交流。

课后作业：分析案例，绘制场地设计草图。

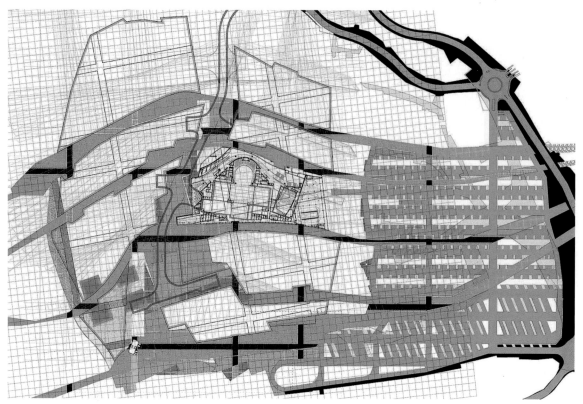

图 3-17　西班牙加利西亚文化城总平面图

图 3-18　西班牙加利西亚文化城鸟瞰

第四章
功能性空间设计

本章教学要求与目标

教学要求：

通过本章的教学，学生应掌握文化主题建筑中常见功能性空间的类型和特点，深入了解功能性空间设计的规范，掌握功能性空间的设计原则和方法，针对不同的功能要求提出适宜的功能性空间布局方案。

教学目标：

（1）知识目标：了解展览空间、观演空间、会议空间、群众文化活动空间及"第三空间"的类型与特点，掌握相关的功能性空间设计规范和设计原理，熟悉典型案例。

（2）能力目标：能根据不同的项目要求，合理选择并灵活运用设计规范和设计原理进行功能性空间设计实践，提出适宜的功能空间布局方案。

（3）价值目标：培养学生严谨细致与精益求精的工匠精神；培养学生良好的逻辑与辩证思维；培养学生遵守设计标准、职业道德和工程伦理的意识。

本章教学框架

本章引言

一般而言，建筑必须满足某种实际使用的功能，其中满足具体用途的主要空间就是功能性空间。文化主题建筑的功能性空间，是开展各类文化活动的主要空间。根据文化活动的不同类型和空间使用方式，文化主题建筑的功能性空间通常可以分为展览空间、观演空间、交流空间、共享空间等。如博物馆、美术馆的展厅是提供展品陈列、展示的功能性空间；电影院的影厅、剧院的演出大厅是进行观演活动的功能性空间。大部分文化活动具有观赏性、开放性、互动性的特点，可开展广泛的参与和讨论，其交流空间也是重要的功能性空间。

第一节 展览空间设计

1. 静态展览空间设计

在展览空间设计中，最常见的是静态展览模式，其采用以审美为导向的"类文物艺术品"模式陈列展品，展览者可从不同距离、不同角度对展品进行观察、体会。观展的过程可以看作是从空间层面来理解某种客观物体或理念的过程。常见的静态展览空间主要采用展柜、展板、实体、模型、雕塑等展示方式。展品作为展览空间的主角、被凝视的对象，发展成为现代展览中人的多觉感知启发点，指引着艺术体验的路径。

自 20 世纪二三十年代以来，"白立方"一直是静态展览空间设计的主导主题。"白立方"指室内光线充足的、封闭的、白色的展览空间，源于 19 世纪 20 年代的纽约现代艺术博物馆（MoMA）（图 4-1）。MoMA 以展示现代艺术为目标，展览空间采用开放的平面形式，具有较大的灵活性，可以根据特展的要求划分为不同的部分，形成指定的参观路线。当时的现代艺术展还引发了一种新的展览审美，在无任何彩色建筑装饰物的封闭空间中，把展墙涂成白色，把地面抛光，安装在天花板上的射灯成为展览光源，目的是将展览的艺术品与外界隔绝，把关注点集中于作品本身、作品在艺术史和艺术运动中的位置。在此空间内，艺术作品依次排列，保持一定的间距，形成相应的展览动线，这成为 20 世纪普遍存在的、标准化的展览形式。美国批评家、艺术家布莱恩·奥多尔蒂（Brian O'Doherty）把上述展览美学称为白立方（white cube）。

白立方展览空间一般呈方体状，所有墙面涂

图 4-1 纽约现代艺术博物馆白立方展览空间

白，地面和天花覆盖与其相应的和谐颜色，空间尽量呈现中性。白立方切断了与外部复杂、多样、矛盾、现实的联系，形成人们想象中最纯粹、抽象的空间。空白的、理想化的美术馆空间形成一个自我封闭的艺术语境，使得白立方中的作品因孤立而重新获得某种神圣性。

自 20 世纪 60 年代以来，许多后现代主义者和多元文化主义者开始意识到艺术品展陈的场域对展品的重要性，一致认为艺术品不能与其原初环境的文化内涵相剥离，对艺术品的欣赏不能脱离展陈的场域。当代公共空间的展陈设计逐步朝着复杂、多元和综合化的方向发展，艺术家和策展人也在积极地探索突破白立方的展陈方式。展览空间设计开始强调结合展品理念和展品的几何形态、大小特点，为适宜的展览装置设计相应的空间布局。为凸显展品本身的艺术性，静态展览空间通常以简洁、理性、烘托展品为主要设计目标，重视功能，强调空间形态与展示内容的和谐统一。展览空间作为一个集展品、道具、灯光、音响、色彩等元素于一体的场所，与展品在审美活动中的客体性质愈加接近乃至统一。对于观众而言，在特定的展览空间里，展品与展览空间共同构成一个有机整体，进而构建出新的审美活动形式。

【西安秦始皇帝陵铜车马博物馆】
西安秦始皇帝陵铜车马博物馆是专门用于保护、展示和诠释陵区出土的两件国宝级文物彩绘铜车马的博物馆。彩绘铜车马出土于帝陵封土堆的西侧边缘，与举世闻名的秦兵马俑相邻，在此建博物馆有助于疏解分流兵马俑景区的大量游客。铜车马位于地下深约 8 米处，只有真实尺寸的二分之一大小，由上千个细小的青铜金属零部件拼组而成，精致细腻，巧夺天工，代表了两千多年前人类制造工艺的最高水准。

为了满足大量人流的参观和疏散需求，建筑师设计了便捷的参观路径，观众从入口一路向下，经过约 200 米长的坡道可直达负二层中央展厅。整个博物馆以中央展厅为核心空间，铜车马位于中央展厅负二层通高处，置于 1.6 米高的基座上，经过精心的灯光设计，突显了幽暗环境中最光彩夺目的彩绘青铜展品，给观众带来强有力的视觉震撼（图 4-2）。正上方的两个长方体装置可呈现与铜车马等大的全息影像，视线

图 4-2　秦始皇帝陵铜车马博物馆中央展厅

设计同时考虑了负二层地面、负二层外围平台和负一层环廊上的观众（图4-3）。

对于展品较多、规模较大的展示空间，一般会划分不同的展厅，以并联式、串联式、环绕式等空间组合方式，合理安排观展流线，使展览的前后关系能够在连续空间内合理有效地展开。

【四川广汉三星堆博物馆新馆】
四川广汉三星堆博物馆新馆，因现有的1、2号馆已无法容纳新文物展示和不断增加的游客数量而加建，被改造为数字馆和研学教育中心。新建主馆及游客中心总面积54400平方米，未来将承担全部文物展览和游客导览功能。

新馆展厅总面积达2万平方米，地上2层，每层设有4个常设展厅，地下设有2个临时

展厅。展陈流线按照考古逻辑编排，是一个连续的序列，要求展厅采用大空间形式首尾相连（图4-4）。建筑师在展厅设计中采用折线式串联设计，兼顾并联开门的可能，为展陈提供最大的灵活性。从序厅开始，观众可以按照一条主要流线，连续参观全部展厅，同时也满足自主选择流线观展的可能性。

2. 叙事性展览空间设计
由于展览方式的不同，展览空间也呈现出不同的特点，当代展览空间不单单是作为展览背景、陈列空间出现的，更是决定了展品的呈现方式，成为一种具备叙事功能的艺术场所。

从展示传播功能角度看，展厅是向公众开放的主要空间，是主要的陈设区域。观展是移动的行进式体验，展览以人的综合多维感知达成审美目的。在这个特殊的行为中，联想

空间断面图 Enlarged Section

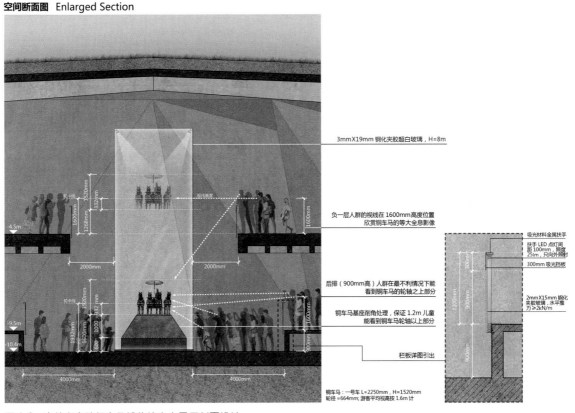

图4-3 秦始皇帝陵铜车马博物馆中央展厅剖面设计

图 4-4　三星堆博物馆新馆展厅

与通感在展览空间产生指向审美的"感同身受"。当代艺术展览空间演变为可容纳人与思想的展览有机体，在这种艺术有机关系下产生的艺术现场降低了观众观看传统美术馆的视线角度，使美术馆升级为一种民主式的自觉文化场所。与此同时，展示空间不再是展示物的容器，而成为叙事的一部分，在展览文化进程中起到信息载体与信息传送体的作用[1]。

叙事性展览空间设计，是借助文学范畴的理论，将叙事当作一种方法来进行展陈空间的编排设计。叙事的本质是叙述事件，通俗地说就是讲故事。故事性有助于吸引注意、拓展思维联想、创造更深层次的文化体验，也能达到引发情感共鸣、传达文化价值和历史价值的目的。叙事性展览空间设计，将展览空间本身作为一种语言符号，通过排列顺序或空间形态叙述展览主题所表达的故事。空间与所述故事相辅相成，场景的变化表明事件的发展与进程，其情节、景物、事件、人物等均有明显的参照物。展览中的基本符号同时也是建构叙事而选择的叙事元素。叙事

元素的使用，可以令博物馆展览摆脱过于学术化的分类系统与知识化的信息说明，而以一种更令观众感到亲近与温暖的方式展示物件。[2]

叙事性展览使博物馆出现从"以藏品为中心"到"以观众为中心"的转变，将单纯围绕藏品进行的展示转变为以情感、想象力和故事为线索的展览叙事。设计者与传统叙事文本中的叙述者一样构建、叙述整个故事。不同之处在于，展览空间叙事文本的构建者在观众接受叙述时并不在场，观众需要自己面对空间文本去体悟、理解、感受。每位观众既有相同的感受，又不乏自己对空间的独到见解。

【张之洞与武汉博物馆】

张之洞与武汉博物馆在叙事性展览空间设计方面具有代表性。博物馆位于武汉汉阳铁厂旧址，这里是中国近代工业的重要发祥地。展馆的主题是纪念张之洞，并展示其成就与贡献。建筑采用全钢结构，总用钢量达到3500余吨，寓意"钢铁摇篮"。

---

① 吴鹏 . 美术馆的共生逻辑：空间中的展览和展览中的空间 [J]. 艺术市场，2023（01）：58-61.

② 陈航宇 . 博物馆叙事展览策划中空间的营建 [J]. 艺术与民俗，2022（04）：4-10+18.

从一楼入口大厅通往楼上主展厅的台阶空间，结合张之洞生平年表进行了展陈设计。台阶一侧扶手上方的白墙上标注着生平年表，另一侧开窗引入充足的光线。随着缓缓向上的台阶，张之洞生平的时间线和重大事件逐步展开，空间成为叙述的语言（图4-5）。

主展厅通过装置艺术呈现片段式故事情节，从不同的视角展开历史叙事。京汉铁路行程环贯穿三、四、五层通高空间，行程环的断面采用铁轨的形式，环上刻有不同站点的名称，配合墙上的投影和展柜中的静态文物，纪念张之洞在我国早期铁路建设方面的贡献（图4-6）。

二楼展示墙以"因近代工业体系而生的新汉阳"为主题，以灰砖叠砌的一段墙身作为片段性展示空间的主体，墙上预留的凹槽内展示着机制红瓦、"汉阳造"步枪等中国近代工业体系的代表性成就，旁边的展厅白墙上播放着汉阳因近代工业体系而生的历史影像资料，与展示墙上的实物相对应，加深了观众的理解（图4-7）。

3. 体验性展览空间设计

19世纪90年代初，受莫里斯·梅洛－庞蒂的知觉现象学影响，建筑师斯蒂文·霍尔在建筑设计中引入了感知、身体等要素，大大推动了体验性展览空间的发展。体验性展览空间从知觉体验的整体性出发，聚焦人在空间中的身体与心理反应，展览的营造方式因"人的感知"脉络达成了体验的整体性和连续性。体验性展览空间设计把关注的焦点放在实现建筑对空间、材料和光影之间的相互关系的现象学陈述上。设计师通过空间的营造和布局，让观众感知或超越物理空间的体验。

图4-5　张之洞与武汉博物馆台阶空间

图4-6　张之洞与武汉博物馆主展厅

图4-7　张之洞与武汉博物馆展示墙

1994 年至 2000 年，霍尔先后发表了基本知觉现象学著作，阐述其建筑理论。《知觉问题：建筑现象学》（*Questions of Perception: Phenomenology of Architecture*）是霍尔知觉现象学建筑理论的宣言。书中认为，人对建筑的知觉是最为重要的，只有关注到人对建筑的体验本能，对建筑材料、光、阴影、色彩、尺度和比例的知觉，才能进行建筑创作。霍尔对建筑所呈现出的现象及人们对这些现象的知觉进行了分析与总结，将其归纳为纠结的经验、透视空间、色彩、光影、夜的空间性等 11 个现象区。他把对建筑的亲身感受和具体经验与感知当作建筑设计的源泉，同时认为在各种艺术形式中只有建筑能够唤醒所有的感觉，这就是建筑中感知的复杂性与可贵性。霍尔在《交织》一书中全面引入"知觉"的概念，如对时间、光影、透明度、颜色、纹理等元素的感知，认为建筑的本质存在于感知与物质的交织之中，需要充分调动人的各种感官去体验和感知。《视差》一书又进一步补充了"身体"的概念，认为身体是知觉的基础，使人在建筑中可以定位、感知，认识自己，认识世界。因此，他认为"体验是一系列完全不同的视域和景色，每个角度都切割下不同的几何形"[①]，身体通过运动，视觉通过透视和叠合，将所有知觉系统和器官统一起来，从而获得全面综合的空间知觉和体验。霍尔的体验性展览空间设计，通过空间塑造来强化人在其中的亲身感受，对空间、材料和光线进行调整，使外在知觉和内在知觉综合为一体，使设计概念和个人经验通过思想融合在一起，使客观与主观结合在一起。

【芬兰赫尔辛基当代艺术博物馆展厅】

芬兰赫尔辛基当代艺术博物馆的展馆空间被建筑师称为"差不多矩形"。每个展厅都有一面弯曲的墙，具不规则性区分了每个连续的空间，随着观众通过，创造出一种复杂的视觉空间体验（图 4-8）。精心设计的弧线形的向外聚焦和室内的不规则形式，创造了霍尔所谓的"各式各样的空间体验"。这样不规则、有细微不同的博物馆空间作为展厅，正是霍尔为丰富多彩的展品打造的安静却富有戏剧性的背景。

图 4-8　芬兰赫尔辛基当代艺术博物馆展厅

① HOLL S. Parallax[M]. NewYork: Princeton Architectural Press, 2000.

第二节 观演空间设计

文化表演在一定程度上代表着国家和地方经济、文化的发展水平，是我国文化强国理念的重要体现。观演空间以表演和观看活动为核心，是举办集散性文化表演活动的重要功能性空间。与其他功能性空间相比，观演空间的使用者不是单一的群体，而是观众和表演者两个相互作用的群体。尽管不同人群、不同演出类型对观演空间的要求各不相同，但观众与表演者之间的关系始终是观演空间设计最为关注的问题。

表演内容和观演形式的变化，也间接影响了空间。根据不同观演形式，观演空间可分为分离式、互动式和沉浸式三类。传统的分离式观演空间一般由相对独立的观众座位区、舞台表演区两部分组成。在现代表演艺术的发展过程中，"观"的形式不再局限于传统的"围观"，而是与表演产生大量的互动行为。互动式观演空间突破"观"与"演"的空间边界，注重舞台与观众区的相互渗透和融入。沉浸式观演空间则更加注重观众的全方位体验，不再严格区分表演者和观众，观众也可以成为即兴表演者，使表演区与观众区完全融为一体。

1. 分离式观演空间设计

人类历史早期的观演空间伴随祭祀、集会等公共活动产生，临时看台和简易座席就可以形成最简单的观演场地。露天场地利用天然地形，将观众席做升起的处理，就可以满足观众的视线要求。随着观演活动的普及，观众人数不断增加，为了缩短观众的视距，露天观演空间多以圆形的表演区为中心，在有坡度的天然山体上开凿出扇形或半圆形观众

席。随着演出要求的提高，在表演区两翼演员使用较频繁的区域加建亭廊，慢慢形成了固定舞台区，产生了最早的固定性的分离式观演场所。古希腊、古罗马时期就已经形成了固定的座席环绕表演区的观演空间形式，且观众区大多呈圆形或半圆形。一些大型的剧场中，观众数量较多，人们很早就考虑到了观众席内部的疏散问题（图4-9）。

苏联斯坦尼斯拉夫斯基时期，观演关系强调观众和演员的相互隔离，隔离二者的就是所谓的"第四堵墙"。当时戏剧的主流理论反对演员与观众交流，禁止一切不必要的接触，认为演员不能跳脱自己扮演的角色，而要时时刻刻生活在角色中。这一戏剧理论是分离式观演空间被固化的基础。伴随着戏剧艺术的发展，分离式观演空间形成了成熟的设计模式，能提供较大的舞台空间，满足丰富的舞台布景需求，包括封闭式舞台和开敞式舞台两种主要的空间形式。封闭式舞台的观众席和表演区在不同的空间中，舞台相对封闭，台口处隐性的分割线隔开了两个较为独立的空间；开敞式舞台则是观众席和表演区在同一空间中，舞台向观众区伸出呈开敞式，与观众席之间以"第四堵墙"进行心理和行为上的划分。

对于分离式观演空间的观众区设计，最为重要的内容是服务于听觉和视觉效果的声学设计和视线设计。混响时间决定剧院内声音的清晰度、音乐的明晰度和响度，是音质效果的重要指标之一。声学设计的重要内容是确定各频带的混响时间和噪声限值，并利用舞台和观众席的内界面方向、形状和材料加以

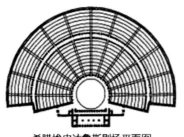

希腊埃皮达鲁斯剧场平面图

希腊埃皮达鲁斯剧场俯视图

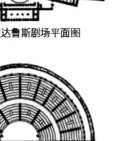

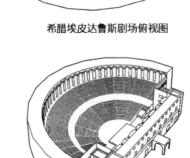

法国奥朗日古罗马剧场平面图

法国奥朗日古罗马剧场俯视图

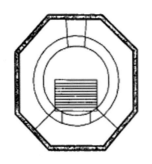

英国环球剧场平面图

英国环球剧场俯视图

图 4-9　分离式观演空间

实现。视线设计则需要根据舞台深度和台口尺寸，以最不利点为基准，进行观众席宽度、排数及前后排座位的升起高度计算，满足最大座位数的视线要求。常见的分离式观演空间舞台台面较高，有利于演员的声音向观众区辐射并减少视线遮挡；舞台后墙、顶部及侧墙多面向观众区，以便提供较多的早期反射声，有利于加强响度；如有乐队伴奏，其位置设计应有利于声音被观众和演员同时听见。如果观演空间采用半开敞的庭院或半封闭的室内空间，还可充分利用侧墙向观众区提供丰富的反射声，以加强响度。观众席内界面一般采用丰富的装饰，有利于声场扩散。

随着城市的发展和人们对文化生活的普遍追求，观演空间不再只是服务少数艺术爱好者的专业文化场所，而具有更多融入城市、服务大众、走进生活的公共空间属性。在满足高品质视听效果的基础上，观演空间也是表达城市文化的空间载体。

【扬州运河大剧院演出厅】

扬州运河大剧院四大演出厅各具特色，以"春花、夏竹、秋叶、冬雪"为主题，打造出

"四时不同、扬州特色"的艺术空间,彰显新型观演空间的地域特色。1600座的歌剧厅观演空间以"春江花月夜"为主题,采用三层台地式布局,顶部照明如一轮明月悬于天顶,马蹄形看台层层展开如繁花绽放,呈现出"云开见月明"的唯美意境,烘托出丰富多彩的艺术主题效果(图4-10)。

800座的戏剧厅观演空间以"夏竹"为主题,观众厅墙体与顶面连成一体,以竹节为意象,流畅而富有韵律,配合光带传达出扬州特有的竹文化。观演大厅采用马蹄形平面与镜框式舞台,在舞台口外两侧设置耳台,与活动的乐池配合使用,拓展舞台的面积,拉近演员和观众的距离(图4-11)。

300座的多功能厅观演空间以"秋叶满堂"为主题,墙面吸音模块形似银杏叶,营造出秋叶纷纷的氛围(图4-12)。

500座的曲艺厅观演空间,设计取意"雪霁初晴、梅园佳音",以古典庭院为原型,底层座椅布置还原传统的中式戏园,二层设置环绕式楼座,以现代的手法演绎古典戏台(图4-13)。

2. 互动式观演空间设计

20世纪,随着科学技术的发展,传播媒介空前多样化。电视、电影的出现使舞台剧受到了极大的冲击。美国著名戏剧理论家、导演理查德·谢克纳在20世纪60年代提出的环境戏剧理论对观演空间给予了强烈的关注,

4-10 扬州运河大剧院歌剧厅

图4-11 扬州运河大剧院戏剧厅

4-12 扬州运河大剧院多功能厅

图4-13 扬州运河大剧院曲艺厅

他认为应该消除演员与观众之间的界限，让观众更多地参与到戏剧活动中来，提出"废止舞台和观众厅的界限，把所有的障碍清除，代之以一体化的空间，如此，剧场才能成为为动作与交流而创造的环境，而不是阻隔观众与演员的屏障"。演员与观众的直接交流和互动及两者之间的无限变化是电影、电视无法替代的。为了能保证这种交流与互动和更多的变化，追求幻觉性和绘画性的镜框式舞台就失去了作用，新的演出方式对演出空间提出了新的要求——打破常规的演出空间和"第四堵墙"的桎梏，舞台和观众厅之间不存在任何分隔或障碍，可以承担剧场功能。

以环境剧场理论为基础的互动式观演空间，采用一体化观演的空间形式，拉近演员与观众之间的距离，形成了更加密切的观演互动关系。观演互动主要指的就是在戏剧表演过程中，观众和演员互相影响的关系。观演互动主要有两个层面，一个是观众和演员的心理互动，另一个是观众和演员的行为互动，两者通常是交织在一起的。

互动式观演空间特有的互动氛围使其成为与传统剧院、影院空间不同的新的观演场所。互动式观演空间的表演种类集聚了音乐剧、脱口秀、舞剧、话剧多种类型，也是实验性戏剧的主要表演场地。与分离式观演空间相比，互动式观演空间一般面积不大，100～300平方米，可以散布在不同功能类型的文化建筑或建筑综合体中，易于与展览、商业、餐饮、休闲等其他城市活动相结合。无论演员还是观众，其位置可根据剧情需要而移动，没有明确的界限分割，观众席可能在任何一个角落。多样化空间分布打破传统的舞台格局，观众与演员间的互动也更为积极。

【北京红砖美术馆小剧场】
北京一号地国际艺术区的红砖美术馆，在进门的地方有一块面积不小的圆形区域，几级台阶形成一个下沉的互动式观演空间（图4-14），既可以作为艺术表演的小剧场，

图4-14　北京红砖美术馆小剧场

也可以给观看展览的观众提供休息空间。

3. 沉浸式观演空间设计

作为一种颠覆了传统戏剧里剧目和观众关系的戏剧形式，近年来沉浸式戏剧的快速发展从侧面反映出，如今的观众对戏剧产生了更多期待和需求。沉浸式戏剧最重要的是创造一个类似真实世界的环境。此处所说的"真实"并非相对于"虚拟"，而是相对于一个只为表演而存在的场所。艺术家们运用这种切实的、可感知的环境产生的迷失感，鼓励观众相信自己就是戏剧本身的一部分。沉浸式戏剧让每位观众都能拥有独特的个人体验。观众自己来把握体验作品的方式和程度，如何感知和拼凑故事的决定权掌握在自己手中，而不是和其他人看到的是一样的内容。

沉浸式戏剧重视互动式交流，如带领小部分观众单独活动，完成某项任务，或营造自由活动的氛围来鼓励观众进行互动。互动性和主动性给观众带来了独特的体验。沉浸式戏剧大多会灵活而多元地调动观众的五感，除了一般的视觉、听觉，还包括嗅觉、味觉和触觉，让演出真实、立体地包围观众。沉浸式作品里的音乐则主要是为了渲染剧目的底色、烘托故事气氛。剧目里的场景都是为了能让观众全身心投入环境而特别设计的。食物和饮品常被当作体验的一部分，剧目中偶尔也有让观众和场景元素有肢体上的互动的环节。所有这些元素、技巧和演出环境都是为了从戏剧化的角度突出作品的主题。

【山西平遥沙瓦剧场】
山西平遥的沙瓦剧场（图 4-15）是为《又见平遥》情景体验剧演出而专门设计建造的。建筑以当地具有代表性的黄土和瓦砾为主要元素，整体打造沉浸式观演体验。情景体验剧

中所有的表演空间都设置在这一大型建筑空间当中。《又见平遥》改变了传统戏剧中观众和演员隔离的空间关系，拉近了观众和演员之间的物理距离，改变了观众审美的心理距离。观众在整个戏剧观赏的过程中穿梭于各个展区繁复和奇特的空间之中，在复合立体的仿古街道建筑中游走观赏戏剧的同时，也让自身成为戏剧的一部分。在演员引导下"走看"的方式，使戏剧自然地完成场景转换。各个独立的观演空间中，在不影响表演的前提下，观众可以自由选择观看位置，这种观演方式打破了观众"坐看"的限制，给观众更多参与到戏剧中的自由。《又见平遥》沉浸式观演空间的设计，不是单纯的戏剧事件发生的舞台，而是在一种整体的场景氛围中，最大限度地引发和促进观众和演员的戏剧体验，彰显了空间元素在整个表演空间中的作用和意义，同时，也加强了表演空间的特定戏剧气氛，为观众获得积极的戏剧体验而创造条件。

【浙江海宁 Dear So Cute 商铺与咖啡馆】
浙江海宁 Dear So Cute 商铺与咖啡馆（图 4-16），是一家服装零售商店与咖啡馆的混合体，设计师为了表现以皮影戏为代表的当地民间戏剧文化，激发顾客参与服饰表演或观赏的欲望，将购物活动空间设计成沉浸式表演空间，咖啡区则成为观众座席。表演舞台实际上是由几级台阶形成的平台，台上三个由钢板和半透阳光板组合的盒子构成了一出戏剧的布景。盒子将原来开放式的场地拆分成较小的空间，以实现更为沉浸式的人性化的空间体验。这些盒子上的一系列开口，成为框景的视窗，同时又以门廊的意象引导流线，"观看和被观看"的设置模糊了演员和观众之间的界限。盒子后面最高的平台上是更衣室，配有落地镜和粉红色天鹅绒窗帘，犹如一个小舞台，让试衣者也能在这一过程中产生表演欲望。

图 4-15　平遥沙瓦剧场

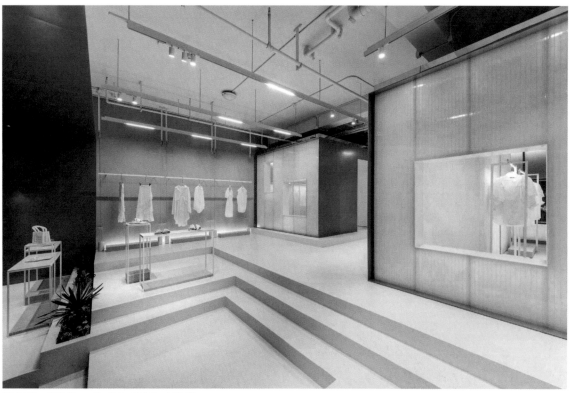

图 4-16　海宁 Dear So Cute 商铺与咖啡馆

第三节 会议空间设计

进入信息化时代，会议交流是信息传递、知识传播、技术转移不可或缺的环节，也是人们分享观点、达成共识、建立情感联结和社会关系网络的重要文化活动。会议空间是具有一定规模的，以满足各类型会议的功能需求，包括不同规模的会议厅、会议室、讨论室、接待室、等候室及茶水间、服务间等其他配套设施。

会议空间从规模上可以分为特大型、大型、中型和小型。特大型、大型会议空间一般需要设计独立式会议建筑。独立式会议建筑具有举办国际、国内有重大影响力的大规模会议的使用功能，是代表城市文化形象的重要建筑类型，如人民大会堂、国家会议中心、博鳌亚洲论坛国际会议中心、广州白云会议中心、大连国际会议中心等。中、小型会议空间一般不采用独立式会议建筑的形式，而是与其他文化活动功能如会展、观演等相结合，为专项文化活动提供中、小型会议交流的场所。

1. 独立式会议建筑设计

独立式会议建筑的主要功能空间是大型多功能会议厅、报告厅、宴会厅等，常见的空间布局方式包括剧场式、宴会式、课桌式等。除剧场式为固定座席以外，其他几种布局方式均可采用活动式座席。

剧场式会议厅（图 4-17）在空间形态上与剧场相似，容纳人数一般为 1000～2500 人，超大型剧场式会议厅可容纳 5000 人，可用于

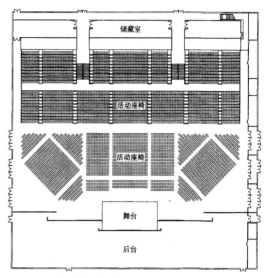

图 4-17 剧场式会议厅布局

政务会议及其他大型会议，也可根据需求同时满足大型晚会、戏剧演出和电影放映等功能。剧场式会议厅设计与分离式观演空间相似，通常采用镜框式固定舞台和固定升起的观众席，或设置少量活动座椅，舞台效果良好，有较好的室内形象，良好的视线、音质效果，适合会议、典礼、开幕式等活动。

宴会厅（图 4-18）是举办宴会的场地。一般同时具有会议、婚礼、展示、表演功能。宴会厅净面积一般为 500～4000 平方米，可以通过活动隔断分隔成若干小厅，灵活使用。为便于活动安排，宴会厅需采用平楼面或地面，室内装饰特征明显，且有独立的厨房。厨房是宴会厅的重要组成部分，厨房规模应与宴会厅规模相适应，宜与宴会厅同层设置，或至少部分厨房与宴会厅同层设置，不同层的厨房与宴会厅之间应有合理配置的货梯相连接。

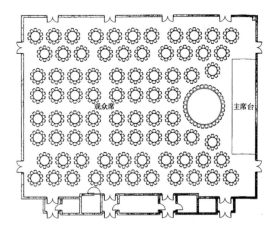

图 4-18 宴会厅布局

大面积会议空间人员数量较多，瞬时流量大，应重视消防设计，考虑主要人流入场及疏散路线，设有独立的前厅及后勤通道。电梯、疏散楼梯宜均匀分散布置。公共大厅及公共通道供参会人员使用，是能够到达各个会议空间的主要交通空间，应与会议功能空间有机结合，便于人员集散，并以自动扶梯作为上下连接。

由于特大型、大型会议空间平面及层高尺寸较大，且为无柱空间，剖面设计应注意大型会议空间与多间小型会议室的上下层对应关系，宜将大会议室布局在小会议室楼上，有利于结构设计。柱网尺寸一般以 9～12 米为宜，便于中小型会议室布置。大型会议中心的中小型会议室宜成组布置，集中设置休息厅。大宴会厅、多功能厅、大会堂等大面积空间的层高、净高应按规模合理设计，其周围可设计 2～3 层的夹层，以布置辅助用房或小会议室。

【广州市南沙国际会议展览中心】
南沙国际金融论坛永久会址项目是国际金融论坛（IFF）的主题会场，由国际会议中心、国际会议服务中心（酒店）、配套用房等单体组成，主要承担 IFF 年度会议及丝绸之路沿

线国家国际性会议和学术成果发布功能。国际会议中心与国际会议服务中心协调运转，同时满足会议、宴会、表演、接待、住宿、服务等功能的需求，并结合未来发展规划，预留了展览展示、媒体中心等功能空间，以高端的配置来满足高级别世界政要会议全流程的使用要求（图 4-19）。项目二层设置主会场、宴会厅两个 3000 平方米的超大型大厅，可容纳多达 3000 人同时使用。四层设置理事会厅、多功能厅两个 1800 平方米的大厅，可承接最高规格的国家级活动。二至四层分布的 40 多个规模不等的中小型会议厅，可根据需求灵活组合与分隔，满足不同规模平行论坛的需求。

2. 中小型会议空间设计

中小型会议空间指房间面积为 30～300 平方米的会议室、报告厅等，根据房间面积不同，净高从 3 米到 5.5 米不等。中小型会议空间一般采用剧场式、课桌式、宴会式等多功能布局（图 4-20），不同的功能布局可以举行不同形式的会议，容纳不同数量的参会人员，从而提高会议空间的使用效率。会议室还可采用活动隔断的方式调整会议室大小。除常规的剧场式、课桌式、宴会式布局外，特殊功能会议厅座位可采用圆形或"U"形布置（图 4-21），用于多边国际会谈、多方会议，地坪可做成平地面或坡地面。

【杭州拱廊会议中心】
杭州拱廊会议中心（The Arcade）是一个在商业综合塔楼地下空间里的会议中心。设计师希望创造一个温馨、明亮、愉悦的中小尺度的会议空间集合，以吸引年轻的、引领潮流的客户群体。不同功能的立面单元沿着主轴线，有秩序地嵌于混凝土结构柱所形成的拱廊之间。会议室和多功能厅位于入口的白色单元后面，每

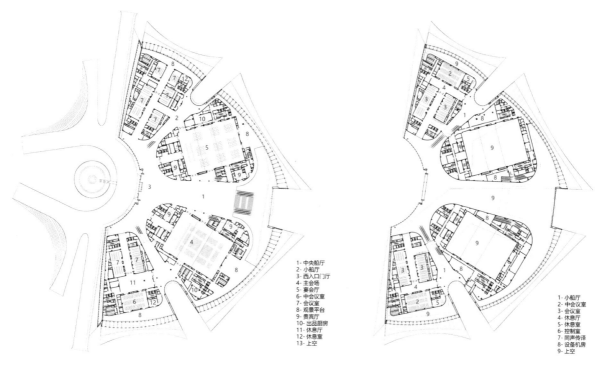

1- 中央船厅
2- 小船厅
3- 西入口门厅
4- 主会场
5- 宴会厅
6- 中会议室
7- 会议室
8- 观景平台
9- 贵宾厅
10- 出品厨房
11- 休息厅
12- 休息室
13- 上空

1- 小船厅
2- 中会议室
3- 会议室
4- 休息厅
5- 休息室
6- 控制室
7- 同声传译
8- 设备机房
9- 上空

图 4-19　南沙国际金融论坛国际会议中心二、三层平面图

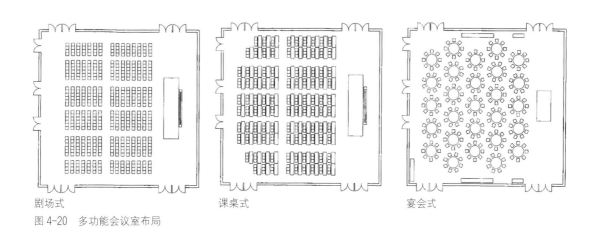

剧场式　　　　　　　　　　课桌式　　　　　　　　　　宴会式

图 4-20　多功能会议室布局

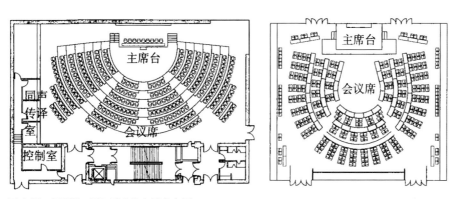

图 4-21　圆形和"U"形座位会议室布局

个立面单元都具有功能性(图 4-22)。其中,多功能厅的折叠门立面可以被完全打开,提供灵活、多元的使用形式,例如作为讲演报告厅或更大面积的活动空间。

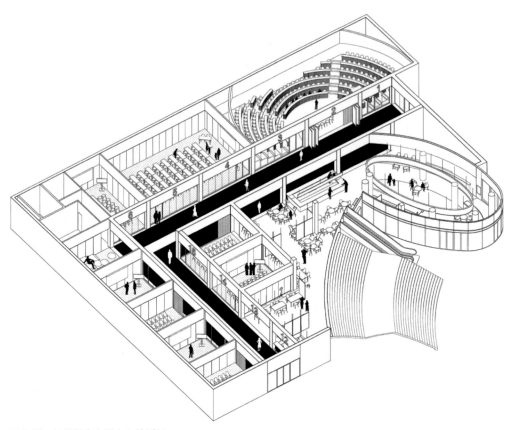

图 4-22 杭州拱廊会议中心轴测图

第四节　群众文化活动空间设计

群众文化活动主要指的是城乡居民在职业活动以外进行的社会性文化活动。其特点是以普通居民为主体，以满足自我娱乐、自我发展的精神生活需求为主要目标，以各种文化娱乐活动为主要内容。群众文化活动以道德意识为引导，以经济条件为支撑，具有一定的社会性功能，通常由城乡社区组织和发起，并提供必要的活动空间。

各类群众文化宫、社区活动中心、活动广场、活动基地的建设，为群众文化活动提供了基本的空间保障，有益于提升群众文化水平，促进当地文化发展。从使用功能的角度看，自我娱乐的群众文化活动包括歌舞交谊、游戏棋牌等，需要提供专门的娱乐型活动空间；自我发展的群众文化活动则包含书刊阅览、青少年和老年培训、影视观赏等，需要提供阅览室、培训教室、视听室等教育型活动空间。此外，有些群众文化活动具有非正式和临时性的特点，对活动空间的规模和形式要求不高，常结合兼具自发性、社交性、共享性的"第三空间"进行设计。

1. 娱乐型活动空间设计

与展览、观演、会议等专业文化活动不同，娱乐型活动的参与者为普通群众，活动内容丰富有趣、涉及面广，在城乡社区中有广泛的需求。根据活动内容的不同，娱乐型活动对外部环境的安静要求和对外部环境产生的声音干扰各有不同，在活动空间设计中，宜进行动静分区，将相同动、静类型的活动集中布局。

用于交谊活动的歌舞厅采用扩音设备，对外部的声音干扰较大，宜单独设置在相对开放、活跃的功能分区内，平面尺寸依据人均面积和最大可容纳的人数而定（图 4-23）。

用于多种群众聚集性活动的多功能厅和用于游戏娱乐的各类棋牌室、游戏室等，对外部环境的安静要求不高，对外部环境有一定的声音干扰，房间应具有相对的独立性和封闭性，宜集中成片布置，平面尺寸依据最小活动单元的空间要求和最大可容纳的活动人数而定（图 4-24）。

2. 教育型活动空间设计

学习型社会是现代城市的重要特征之一。以全面发展、自我提升为导向的文化教育类活动在群众文化活动中变得越来越重要。从城市、街道到社区，各地的青少年宫、老年大学都普遍开设了满足群众自主学习需求的培训班、教学基地，相应地，也产生了对教育型活动空间的设计需求。

用于教育培训的教室、阅览室等空间，对外部环境的安静要求较高，对外部环境产生的声音干扰也较小，宜集中设置在相对安静的功能分区内，满足一定的独立性和封闭性。从使用功能出发，阅览活动空间应依据阅览桌和书架的尺寸进行设计，培训活动空间应满足课桌椅间必要的间距和良好的座位视角，需根据讲台和座位的关系进行平面布局（图 4-25）。

交谊活动空间

包括歌舞厅、管理间、卫生间、小卖部等，均应符合防火和公共场所卫生标准的要求。

1. 设舞池、声光控制间、存衣间、准备间、配餐间和贮藏间等。

2. 舞厅平均每人占有面积不小于1.5m²（舞池内平均每人占有面积不小于0.8m²）。卡拉OK、音乐茶座平均每人占有面积不小于1.25m²。

3. 宜具有单独开放的对外出入口。

4. 舞池设光滑地面，厅内有较好的音质条件、灯光照明与隔声措施。

5. 男厕：250人以下设1个大便器，每增加1~500人增设1个大便器。女厕：不超过40人设1个大便器，41~70人设3个大便器，71~100人设4个大便器，每增加1~40人增设1个大便器（男厕大小便器数量与女厕大便器数量比适宜为1:1.5）。

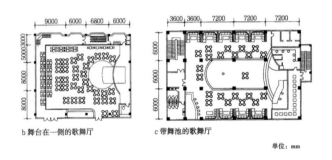

1 座席　　6 入口
2 乐台　　7 休息室
3 舞池　　8 门厅
4 化妆间　9 存衣间
5 配餐间　10 酒吧

▨▨ 管理间、准备间、声光控制室、卫生间等辅助用房

歌舞厅平面图

a 舞台在中央的歌舞厅　　b 舞台在一侧的歌舞厅　　c 带舞池的歌舞厅

歌舞厅实例平面　　　　　　　　　　　　　　　　　　单位：mm

图 4-23　交谊活动空间

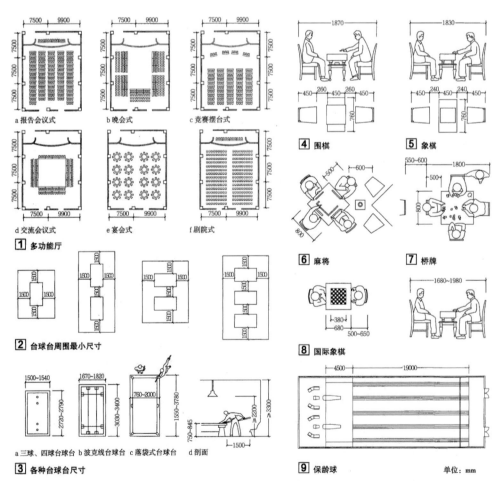

a 报告会议式　　b 晚会式　　c 竞赛摆台式

d 交流会议式　　e 宴会式　　f 剧院式

1 多功能厅

2 台球台周围最小尺寸

a 三球、四球台球台　b 波克线台球台　c 落袋式台球台　d 剖面

3 各种台球台尺寸

4 围棋　　**5** 象棋

6 麻将　　**7** 桥牌

8 国际象棋

9 保龄球　　　　　　　　　　　　单位：mm

图 4-24　多功能厅与游戏娱乐空间

阅览活动空间

包括阅览室、资料室、书报贮存间、工作间等。

1. 设于馆内较安静的位置。

2. 应光线充足，照度均匀，避免眩光及直射光，窗地比以不小于1/5为宜。采光窗应设遮光设施。

3. 规模较大的空间宜分设儿童阅览室，并邻近儿童游艺室，与室外活动场地相连通。

4. 儿童阅览室阅览桌可采用多种形式的造型和灵活多变的排列形式，使用明快协调的室内装修色彩，并考虑陪同儿童的家长阅览和休息的座椅。

5. 工作间设置复印机和计算机，提供打印、查询、传输等功能。

培训活动空间

由普通教室、视听教室、学习室及综合排练室等组成，学习室包括音乐、书法、美术、曲艺教室。

1. 普通教室每班40~80人为宜，平均每人使用面积≥1.4m²。大教室120m²为宜，小教室60m²为宜。

2. 视听教室每间100~180m²为宜；学习室每班≤30人，每间大概60m²；排练室平均每人使用面积≥6m²，每间200~400m²为宜。

3. 除音乐、曲艺教室外，均应布置在安静区。

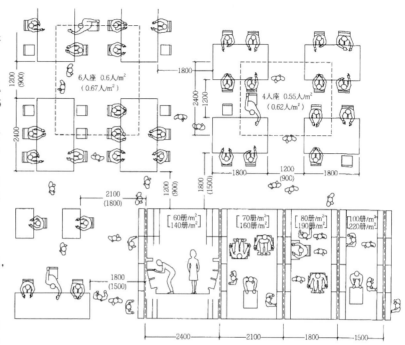

1. （ ）内的数值是读者人数少时采用。
2. 〔 〕内的数值是按图中的间距设置收藏书籍的册数，上边的数值是低书架（3层）的，下边的数值是高书架（7层）的。
3. 参见《图书馆建筑设计规范》JGJ 38-2015。

1 阅览桌、书架的布置及藏书册数

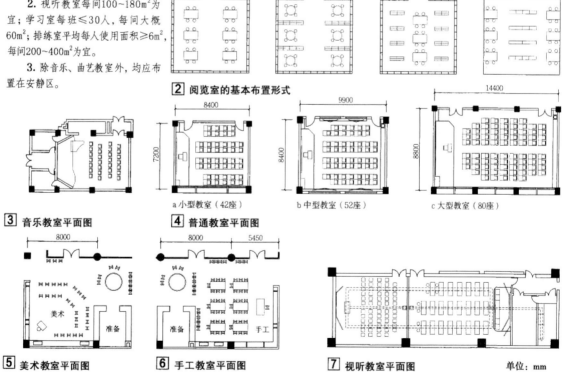

2 阅览室的基本布置形式

a 小型教室（42座）　　b 中型教室（52座）　　c 大型教室（80座）

3 音乐教室平面图　　**4** 普通教室平面图

5 美术教室平面图　　**6** 手工教室平面图　　**7** 视听教室平面图　　单位：mm

图4-25　阅览、培训活动空间的设计

第五节 "第三空间"设计

"第三空间"的概念产生于 20 世纪 70 年代。随着公园等传统公共空间衰落，新兴的购物中心成为公共生活的新容器。美国社会学家雷·奥尔登堡（Ray Oldenburg）提出"第三空间"的概念，将家和居住的地方称为"第一空间"，将人们花费大量时间工作的场所称为"第二空间"，"第三空间"则是居住和工作外的非正式公共聚集场所，如街道、咖啡馆、酒吧和社区中心等，这其中聚集了自愿的、非正式的和期待聚会的常客。雷·奥尔登堡在《第三空间》一书中将第三空间的特点概括为：（1）空间中立，所有人都受欢迎；（2）它是一个杠杆，社会不同阶层的人都可以加入其中；（3）其主要活动为谈话交流与信息共享；（4）具有较高的可达性，没有物理、政策或者货币壁垒；（5）它是"远离家的家"，汇集一些常客；（6）环境温馨舒适，氛围融洽和谐。

与传统公共空间相比，第三空间在社交拓展和促进城市消费转型方面发挥着越来越重要的作用。在快节奏的城市生活中，人们追求便捷的服务设施，人的行为心理的复杂性也决定了建筑空间不再只限于单一功能的活动。建筑功能越来越复杂，公共建筑置入了许多文化、休闲和商业等功能的空间，建筑类型走向多样化，空间因此具有复合性和可变性。同时，受城市生活方式的影响，人们在居住和工作场所以外的社交需求也日益高涨，第三空间在各类功能建筑中快速发展，公共文化建筑中的共享空间也呈现出越来越多的第三空间的特点。

1. 渗透自然的"第三空间"设计

20 世纪 80 年代，"第三空间"概念在设计中的应用受到关注，出现了独立于室内与室外的第三空间。随着新材料与新技术的发展，第三空间形式愈加多样化，使室内、室外空间具有互动渗透的特征，如路易斯·康的并置墙体、伯纳德·屈米的"中间者"概念（金属屋顶覆盖旧建筑群所形成的大型空间）和藤本壮介用透明建筑材料消除建筑与场地的间隔。

进入 21 世纪以来，结合自然的第三空间融入整体空间架构中，成为"建筑-人-环境"的中介，不仅实用性得到拓展，还有助于引导人的行为，将部分功能从室内转向过渡空间，在非正式的条件下甚至可以成为主要的活动空间。

【重庆桃源居社区中心】

重庆桃源居社区中心将风雨连廊作为渗透自然的第三空间，加强了非正式公共聚会与社交的功能。桃源居社区中心位于重庆市桃园公园半山腰上的一块洼地，四周被起伏的山体围合。建筑师希望塑造一个建筑整体趋势和山体相融合的景观意象，新的空间形体依顺着山势而规划，其轮廓线和原来的山形融汇相映。

社区中心包括文化中心、体育中心、社康中心三个基本功能。由于重庆多雨天气的影响，当地老建筑存在着大量类似"风雨骑楼"的半户外行走空间。这一空间类型也被延续到该社区中心户外空间串联的交通组织方式之中，创作出结合自然的第三空间。社区中心的第三空间考虑了三种人流，包括公园里休闲娱乐的市民、附近社区的居民和社区中心的使用者和管理者，满足人们各自不同的活动需求，如散步、锻炼、集会、演出、阅读、培训、健身、基础医疗等。不同人群的停留、穿行和混合，使社区中心的第三空间成为面向城市和自然的新型社交场所。

从建筑整体层面来看，该第三空间串联起两个庭院与建筑四周的多条线路，并通过大尺度的洞口与架空，从视线和流线两个层面，将内外空间紧密联系在一起（图4-26）。同时，第三空间还联系起了三个基本功能内部各自的中庭空间，每个中庭都有一个大尺度的天窗将自然光线引入其中。通过在顶板和墙体上的一系列洞口、窗口、架空、回廊，第三空间弱化了建筑内外的边界，使整体空间与天空、山、树木、阳光和风相汇交融，最终创造一种人与自然之间的生机勃勃的共生关系。

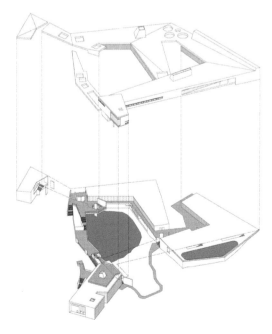

图4-26　重庆桃源居社区中心轴测图

2. 复合功能的"第三空间"设计

在现代社会，人们受到来自工作和生活方面的危机与挑战的影响，产生较大的精神压力。居住空间、工作空间中的拥挤、嘈杂等环境因素带来的压力容易引发精神问题，导致现代人陷入精神困境。在高节奏、高强度的工作环境中，供人们休闲放松的公共场所越来越受到青睐，复合功能的"第三空间"对于缓解现代人精神压力也是至关重要的。这种空间可以被看成是具有多元性、公共性的空间综合体，空间内容种类丰富，可以满足人的多样化需求，积聚资源与人气，为人们提供良好的交流场所，为工作和生活添加多样化的乐趣。

文化主题建筑常结合门厅、中庭、走道、楼梯间等交通空间进行共享空间设计，在具有人流聚散和交通功能的空间里，融入餐饮、休闲、会客等多元化功能，强化社交属性，形成文化建筑中的"第三空间"。

【慕尼黑"交流之家"】
以德国慕尼黑"交流之家"的设计为例，该设计通过桥梁将三座独立的建筑连接起来，将40家不同的机构和1700名员工聚集在同一屋檐下。建筑北侧是教育机构和办公建筑，西侧是文化地标和广告公司，南侧是车辆维修店，东侧是绿色能源供应商。"交流之家"将这个总部连接成一个小城市，在室内设计上引入了一条连接三个建筑中庭的中轴线，这条名为"创新路径"的轴线和主要循环线路贯穿整个建筑的一层（图4-27）。设计师将第三空间融入整个"创新路径"设计中，不仅存在于办公空间设计中，更存在于休闲空间的设计中——既有对游客开放的、以贯通三座单体建筑的廊道为载体的展览空间，也有内部使用者共同享有的餐饮、休闲空间（图4-28）。这类空间通常围绕中庭设置，在

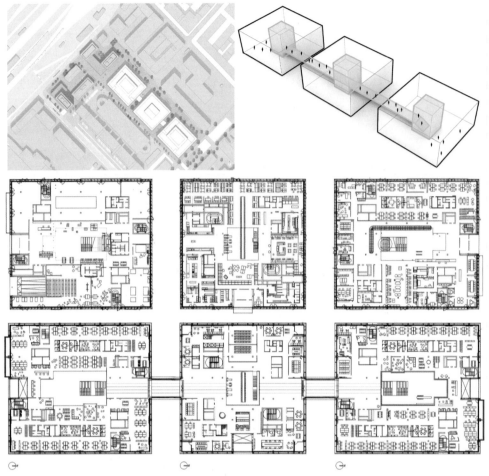

图 4-27 慕尼黑 "交流之家" "第三空间" 设计图

图 4-28 慕尼黑 "交流之家" "第三空间" 场景

激发建筑活力的同时，也能有效提高员工的沟通效率、减少员工的精神压力。

【瑞士巴塞尔大学生物中心】

瑞士巴塞尔大学生物中心是全球顶尖的基础分子和生物医学研究与教学机构之一。研究大楼可为400名研究人员和900名学生提供研究设施、演讲厅、研讨室和教学设备。建筑师将大楼首层白色的三层通高入口大堂视为校区内可以自由进入的公共城市论坛，融入咖啡厅、接待室、报告厅、图书馆等公共功能，使这个长44米、宽35米、高13米的复合性空间成为整个研究大楼的"心脏"，也是最具社交功能的"第三空间"（图4-29），学生在这里会被开放论坛区吸引，并将空间作为学习性景观使用。科研楼层的每个标准层平面可划分为四个同样大小的专业研究部门，并由一个6米宽的社交空间相连（图4-30），方便交流、研究、创新，同时也利于偶谈发生。

图4-29　巴塞尔大学生物中心研究大楼入口大堂

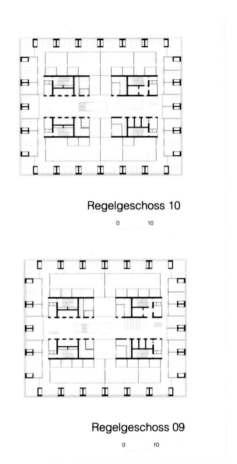

Regelgeschoss 10

0   10

Regelgeschoss 09

0   10

图 4-30   巴塞尔大学生物中心研究大楼科研楼层社交空间

本章训练和作业

作业内容：熟悉不同类型的功能性空间特点，掌握不同类型的功能性空间设计要求，根据任务书和设计概念，合理布置功能性空间，完成方案的平面功能设计和体量关系设计。

作业时间：课内 6 课时，课后 6 课时。

教学方式：理论讲解与案例教学相结合，同时进行设计实践指导，帮助学生在不断尝试和修改中，完成具有合理性和创新性的功能性空间设计。

要点提示：文化主题建筑的功能性空间类型多样，设计要求也各有不同，方案设计中除了要考虑同类型功能性空间的布置，还要考虑不同类型的功能性空间保持相对独立又相互联系的关系，从而设计合理的水平交通和垂直交通体系。

作业要求：每个学生收集各类型功能性空间设计的优秀案例，进行案例学习。提出自己的功能性空间设计方案，在课堂上与指导教师交流。

课后作业：绘制并修改平面设计与体量设计草图。

第五章
视觉传达设计

本章教学要求与目标

教学要求：

通过本章的教学，学生应掌握文化主题建筑中视觉传达设计要素的类型和特点，深入了解建筑构件、建筑材料与色彩、建筑装饰符号的视觉传达设计原则和方法，针对不同的要素提出适宜的视觉传达设计方案。

教学目标：

（1）知识目标：了解视觉传达设计要素的类型与特点，掌握建筑构件、建筑材料与色彩、建筑装饰符号的视觉传达设计原则和方法，熟悉典型案例。

（2）能力目标：能根据不同的项目要求，合理选择并灵活运用建筑构件、建筑材料与色彩、建筑装饰符号等要素进行视觉传达设计，提出适宜的视觉传达设计方案。

（3）价值目标：培养学生深入细节的严谨作风与精益求精的工匠精神；培养学生在艺术创作中追求卓越的精神。

本章教学框架

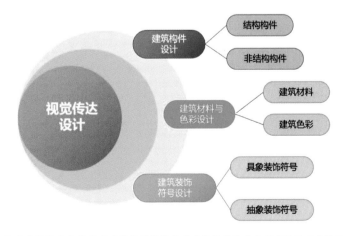

本章引言

视觉传达设计是文化主题建筑在深入设计阶段进行形象塑造的重要途径。文化主题建筑的形象塑造是建筑设计的重要组成部分。建筑形象可以唤起人们的情感回忆和身份认同，加深人们对特定地域或文化的归属感。独特的文化建筑形象常常成为城市或地区的标志，促进旅游和经济发展，也可以吸引公众的注意，加深其对文化主题的理解和探索。

视觉传达设计（Visual Communication Design）的含义是以某个概念或主题为目的，通过可视的艺术形式传达特定的信息，并对受众产生影响的过程。通常意义上的视觉传达主要是指通过视觉元素（如图形、色彩、排版和布局等）来传递信息、观点和情感的过程和方法。从生理上看，视觉传达由人体的视觉器官眼睛来实现，即通过视觉感知外部世界。从心理现象的角度来理解，视觉除了能感知事物，还能进一步引发人脑的思维、记忆，乃至触发情感，具有形成视觉认知的作用。现代意义的"视觉传达"一词，在1960年日本东京世界设计大会上开始流行，而后在广告、电影、动画、网站设计等领域得到广泛应用，如报刊、招贴海报及其他印刷宣传物的设计，以及电影、电视、电子广告牌和其他传播媒体的设计。

新媒体时代，视觉传达设计的含义被扩展为"为人们看的设计，为信息的设计"，所有将相关主题或内容传达给受众所进行的视觉表达设计都可统称为视觉传达设计。在传播学语境下，建筑不仅仅是一个物理空间，也是传达文化、历史、技术和社会价值的重要媒介。在建筑中，视觉元素传递建筑的形式特征，呈现出技术和艺术特点，也传达其文化价值和历史含义。建筑的视觉传达设计，同样强调受众的参与和体验，通过合适的设计策略激发人们对建筑的兴趣、好奇心或其他情感反应，使观众通过视觉元素的感知和识别，建立与文化、历史及社会价值的关联。一个成功的设计能够吸引、引导并与受众互动，在这个过程中，建筑师需要充分考虑文化、社会、技术和环境等多种因素，确保设计既具有吸引力，又能有效地传达其核心信息。

文化主题建筑需要从视觉传达的角度进行细部刻画和形象塑造，从而更充分地表达设计概念和主题。与二维平面视觉传达设计不同的是，建筑形象的视觉传达依赖于三维空间的视觉元素。建筑构件、材料和色彩、装饰符号是文化主题建筑设计中视觉传达设计需要重点考虑的设计要素。

第一节　建筑构件的视觉传达设计

建筑构件是指构成建筑物的各个要素。建筑构件可以是结构性的，也可以是非结构性的；可以是预制的，也可以是现场构造的。在一些文化主题建筑中，建筑构件不仅承担着基本的结构和功能性角色，还具有一定的美学价值和情感属性，以及重要的文化、历史和符号性意义。

建筑构件的视觉传达设计一般应遵循以下原则。

第一，从功能性的角度把控建筑构件的形态和布局。无论是结构性构件还是非结构性构件，建筑构件都具有基本的功能性。建筑构件的视觉传达设计，应建立在满足构件功能性的基础上。

第二，从空间体验的角度调整建筑构件的数量和大小。在满足功能性的前提下，建筑构件与其所处的环境和背景有关，不同的构件可以通过其相对位置和相互关系加强或对比。视觉传达设计可以通过建筑构件的数量和大小，影响人们的空间体验。构件的数量和布局可以影响空间体验的复杂性和节奏感，良好的比例和尺度则能营造氛围并唤起人们的某种情感，如宁静、活力、庄严或亲切，也能起到引导人流、提升舒适度、减少压迫感或困惑的作用。

第三，从技术工艺的角度增强建筑构件的品质和美感。高超的工艺和技术可以使建筑构件呈现细致与完美的效果。一些特定的制造或建造技术是文化或地区的重要遗产。在现代建筑中采用这些技术，可以保留和弘扬珍贵的手工艺。例如，传统砖砌技术、木艺技术、竹编织工艺等，都是向观者展示和传承本土文化的有效方式。同时，新的建造技术也可以与传统工艺结合，创造出新的效果。创新运用传统建筑技术工艺，有助于在时代发展中保持文化的连续性。

第四，从可持续发展角度考虑建筑构件的低碳与环保技术路线。随着绿色建筑构件，如光伏电板、雨水收集装置、被动式太阳房、拔风井等广泛普及，建筑构件的设计也融入了更多可持续发展的时代主题。

除上述一般原则外，在文化主题建筑设计中，建筑构件也是实现信息和情感传达的三维视觉要素，具有表现设计概念、突出设计主题的作用。建筑构件的视觉传达设计不仅要关注构件的物理属性和功能，还要深入探讨其与文化、社会、环境、心理和技术的关系，关注如何通过建筑构件的设计和应用来传达特定的意义、情感和信息，利用建筑构件的文化象征性，使文化主题建筑更富有表现力和象征意义，增加建筑的内涵，促进文化传承和交流。

1. 结构构件的视觉传达设计

建筑结构构件给建筑物提供主要支撑力，形成结构体系，共同保证建筑安全、稳固。建筑结构构件的设计首先取决于建筑的基本形态、轮廓和整体结构。通常，结构构件的形状和布局与其功能直接相关。如梁、柱、屋顶和用于支撑的墙体，主要用于结构承载，应满足受力功能，其设计应符合力学原理。

建筑物的结构构件通常由墙或柱、梁、基础、楼地层、屋盖等几部分组成。

墙和柱是垂直受力的结构构件，用于承受来自梁或楼板的荷载。在不同结构体系下，屋盖、楼地层等部分的活荷载以及它们的自重，分别通过支撑它们的墙或柱传递到基础，再传给地基。墙体可分为承重墙和非承重隔墙，具有分隔空间的功能或对建筑物起到围合、保护作用。

梁是以水平方向受力为主的结构构件，主要用于支撑楼板、屋顶或其他结构元素，将这些荷载传递到柱或墙上。在框架结构的建筑中，梁与柱一起形成结构框架，提供建筑的稳定性。

基础是建筑物最底下的部分，能将建筑物上部的荷载传递到大地。基础是建筑物的垂直承重构件与支撑建筑物的地基（大地）直接接触的部分。基础的情况与其上部的建筑物情况有关，也与其下部的地基情况有关。

楼地层是水平的平面，由楼层的楼板（天花板）和地坪构成。楼地层的主要作用是提供人的活动所需的各个平面；同时将建筑各平面产生的荷载，例如家具、设备、人体重量等产生的荷载传递到支撑它们的垂直构件上。另外，在空间界定上，楼地层可以沿建筑物的高度起到分隔空间的作用。

屋盖是建筑最顶上的水平平面，承受雨雪或屋顶上的人产生的荷载。屋盖主要起到顶部围护作用，其防水性能及保温隔热的性能非常重要。屋盖作为造型的构件，其形式对建筑物的形态起着非常重要的作用。

结构构件的视觉传达设计直接影响使用者对空间规模和形态的感知。文化主题建筑中，通过对结构构件的形式、数量和大小进行设计，可以改变人们对空间深度、高度或开放性的感受，从而传达不同的文化主题。

【仙台媒体艺术中心】
仙台媒体艺术中心以反映世纪之交的社会特点为主题，要创造一个具有透明性、瞬时性、可变性的媒体中心（图5-1）。因此在工程上采用了创新的结构支撑系统来实现独特的设计概念，完成视觉传达的效果。常见的框架结构中的独立柱被12个水草状的垂直支撑体所取代。支撑体从地面层伸展至屋顶，曲折而连续，透过外立面全透明的玻璃幕墙，完整地展现出来，形成震撼的视觉场景。支撑体的功能各不相同，较大的四个位于建筑角部，包裹着垂直疏散的楼梯和主要电梯，其他几个内部是光井、电梯和各类设施管道。支撑体以外的平面（楼板）和立面（外墙）以连续完整的简单意图带来诗意的、迷人的设计，提供了活动和信息系统的复杂体系。

【迪拜世界博览会阿联酋馆】
在2020年迪拜世界博览会的阿联酋馆设计中，西班牙建筑师圣地亚哥·卡拉特拉瓦（Santiago Calatrava）通过屋顶和结构支撑构件充满动态的流线型设计，表达了"振翼"的设计主题。阿联酋馆的屋顶由外立面延伸而成，并与门框共同组成了一个综合的系统，其中包含了28个"羽翼"（图5-2）。液压制动机装置可以使"羽翼"在3分钟内打开，并可以在110°～125°之间自由转动，传达出一对雪白的羽翼正在振翅高飞的设计意象。

图 5-1 仙台媒体艺术中心

图 5-2 2020 年迪拜世界博览会阿联酋馆

屋顶的结构由阿联酋产光伏板集合构成，"羽翼"和光伏板在展开状态时可以吸收阳光并汲取能量，在关闭状态时则可以防止雨水、沙尘暴进入室内空间。

【日本岐阜森林综合教育中心】

日本岐阜的森林综合教育中心是岐阜森林科学与文化学院的工作坊，是为了开展与林业研究相关的教学而设计的多种功能展亭。为了传达与森林、树种相关的知识和信息，展亭采用了原木支撑的结构形式（图 5-3）。原木来自展亭所处的研究林地，是具有百年生长历史的日本扁柏。林学专业的学生把雪松木板和扁柏做成入口的竖框和门柱。大面积的斜屋顶覆盖一个非常开阔的空间，学院里的学生们可以在这里进行大量的工作坊活动。

图5-3　日本岐阜森林综合教育中心

2. 非结构构件的视觉传达设计

建筑的非结构构件包括表皮和隔断、门窗、楼梯和电梯、栏杆和扶手等构件。这些构件多用于功能使用和空间划分，与建筑物的实用性和美观性密切相关。非结构构件的视觉传达设计会影响使用者对空间边界和层次的感知。建筑师通过对非结构构件的透明度、并置、叠加的设计，可以引导视线和人流，划分不同的功能区域，创造独特的室内外空间感受，并能强化建筑空间的边界感和层次性，实现空间的流动性和透明性。

表皮和隔断是用于空间划分和围护的非结构构件。表皮一般指建筑外围的构件，用来划分建筑室内外空间，对室内空间起到围护作用。常见的建筑表皮构件包括非承重的砌体、轻质墙，以及以玻璃、金属、石材为材料的

各类幕墙等。隔断的主要作用是划分建筑内部的空间，如隔板、轻质隔墙、片墙、矮墙，以及有一定通透性的室内格栅、幕墙等。

门窗设在表皮和隔断上，用来满足人与外界的沟通，以及气流、光线等在不同空间之间的流通，也对建筑表皮的视觉形象起到重要作用。

楼梯和电梯是连接建筑物上下楼层或不同高度空间的垂直交通构件。用于消防疏散的楼梯是紧急情况下保障人员生命财产安全的通道，对其安全性能应予以足够重视。楼梯和电梯是建筑空间中比较特殊的垂直体量，常作为造型元素，在视觉传达设计中受到较多关注。

栏杆和扶手是为楼梯、阳台或不同高度的通

高空间提供安全保障的构件。尽管栏杆和扶手体量较小，但与人体尺度密切相关，是重要的建筑构件，也具有较强的造型作用。

【中国美术学院民艺博物馆】

中国美术学院民艺博物馆的外墙通过视觉传达设计传达场地文脉信息，以及对地方记忆的情感。博物馆外墙由不锈钢索铆固着的一片片瓦片构成，瓦片之间大量的空隙形成通透的外墙表皮。在阳光的照射下，钢索并不明显，只有瓦片漂浮在金属竖框之间，并以影的形式渗入室内的地面和墙面，形成斑驳跳跃的

视觉效果，而外部景观也由此进入内部视野，将建筑与环境融为一体（图5-4）。

【邓迪 V&A 博物馆】

邓迪 V&A 博物馆的外立面通过混凝土板外墙的厚重之感创造光影的变化，表现苏格兰美丽的悬崖（图5-5）。该建筑位于苏格兰北部邓迪市的水岸边，是伦敦维多利亚与阿尔伯特博物馆（Victoria & Albert Museum）的分馆。建筑造型看起来像是一艘被石化的大船。为了与环境和社区融合，建筑体通过扭转形成了一个在地面层可以穿过的"孔洞"，

图5-4　中国美术学院民艺博物馆外墙

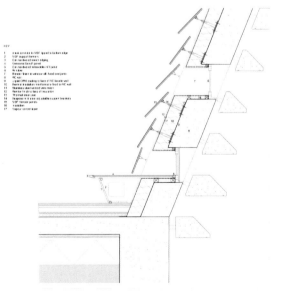

图5-5　邓迪 V&A 博物馆混凝土板外墙

连接城市社区与滨水岸线的景观。建筑表皮由 2500 块预制混凝土板悬挂在复杂弯曲的墙壁上，形成坚硬的锯齿状的视觉效果。

【阿布扎比 Anwar Gargash 外交学院】

位于阿联酋阿布扎比的 Anwar Gargash 外交学院建筑，根植于阿拉伯传统文化，巧妙地结合虚实，外观的玻璃大门和周边环境相得益彰（图 5-6）。赭红色的微孔金属板双层表皮设计既能避免太阳过度照射，体现对中东地区热带沙漠性气候的适应性，又能在建筑立面中呈现出具有地域风情的光影效果。中庭的布局不仅起到联系空间的作用，还通过木饰面覆盖的楼梯、带有阿拉伯风格图案的红色地毯、小面积黑色墙面与大面积白色室内空间的对比，向使用者传达了设计师对地域文化敏锐的感知和对可持续性设计的思考与创新。

图 5-6　阿布扎比 Anwar Gargash 外交学院

第二节 建筑材料与色彩的视觉传达设计

与建筑构件相比，建筑材料与色彩在营造空间氛围、触发情感反应、产生心理效应方面更具有感染力。材料的选择会影响人们对空间的感知，如深色和重质材料可能使空间感觉更为紧凑，而浅色和透明材料则会使空间感觉更加开放。色彩的运用则会影响空间氛围和人的情绪，如使用暖色调可以创造舒适、温暖的感觉，使用冷色调可以营造宁静、专业的氛围。建筑中材料与色彩的运用常相结合。木材的暖色调可能会给人一种温暖和富有人情味的感觉，而金属和石材的冷色调则给人一种宁静和冷静的感觉。对于传统材料的使用，选择具有地方历史和文化意义的材料，如石材、木材或特殊的地方工艺材料，还可以唤起人们对历史的回忆和文化的认同。构建色彩的传统语境，采用与某一特定历史时期或文化背景相关的色彩，可以强化建筑的文化传承。

建筑材料结合建筑色彩以达到最佳的视觉传达效果，涉及美学、心理学、文化背景、建筑风格等多方面的元素。建筑材料与色彩的视觉传达设计应遵循以下原则。

第一，对于具有特定功能的建筑，材料和色彩的运用不应与其功能相冲突。如易清洁的表皮材料适用于公共空间；透光材料适用于需要较多自然光照的区域；医院或诊所可能会选择舒缓的蓝色或绿色调，因为这种色调可以帮助人们缓解焦虑、放松心情；博物馆、剧院和其他文化设施可以选择更加大胆的色彩来激发灵感和创造力。

第二，建筑材料与色彩的运用应有助于塑造空间形式。选择与建筑形式相呼应的材料，可以强调线条、曲面或其他设计元素，以表现空间形式的特点，展示空间之间的关联。在色彩的运用上，可以通过色彩划分不同的功能区域，如用不同颜色划分行人通道和活动区等，或通过色相、色温、亮度、饱和度的对比或渐变，突出建筑的层次和空间的深远感，引导人的视线和注意力。

第三，建筑材料与色彩的运用要考虑地域和文化象征属性。使用具有地方特色的材料，有助于强调建筑与地域的联系和文化的延续。建筑的色彩应与其所处的自然环境或城市环境协调一致，也要考虑周围的建筑风格和色彩，确保新建筑与现有的建筑和谐共存。建筑色彩有时也会与当地的历史、政治、宗教或习俗相联系。建筑师需要研究和理解项目所在地的文化背景，选择能够反映当地传统和价值观的色彩。

第四，建筑材料与色彩的运用要考虑可持续发展。建筑材料和颜色可能会随时间而发生变化，需要考虑建筑材料与色彩的耐久性以及随着时间的推移对建筑外观产生的影响。选择低碳、环保、可重复利用的材料和自然、朴素的色系，有助于传递回归自然、生态保护和可持续发展的理念。

在实践中，建筑材料与色彩的设计需要综合考虑建筑的定位、使用者的需求、文化背景、地理环境等多种因素，以实现建筑视觉传达的最佳效果。

1. 建筑材料的视觉传达设计

建筑材料是指在建筑工程中所应用的各种材

料。建筑材料种类繁多，可分为无机材料、有机材料和复合材料。无机材料包括金属材料（包括黑色金属材料和有色金属材料）和非金属材料（如天然石材、烧土制品、水泥、混凝土及硅酸盐制品）。有机材料包括植物材料、合成高分子材料（如塑料、涂料、粘胶剂）和沥青材料。复合材料包括沥青混凝土、聚合物混凝土等，一般由无机非金属材料与有机材料复合而成。

建筑材料的选用需要考虑功能性与耐久性。不同的材料具有不同的物理和化学特性，应满足项目的要求，如有的材料要坚固耐久，有的材料要方便维护，有的材料必须满足隔音好、保温隔热的性能。

建筑材料的选择还要考虑地方文化、经济状况和社会需要。利用本地材料不仅可以体现对环境的尊重和可持续发展，还可以强化地区文化的联系。具有地方传统特色的材料用于现代建筑，能够在形式上建立过去与现在之间的桥梁，创造出深层的文化共鸣。在一些项目中，使用当地生产的材料和技术可以支持并促进当地经济发展。项目预算也会影响材料的选择，但重要的是要找到在经济实用性和文化价值之间的平衡。当今社会越来越注重可持续发展和环境责任，选择可持续环保材料，或是体现社会公正的材料（如公平贸易木材），可以传达一种文化态度和社会责任。这也有助于教育公众，增强人们对环境保护和社会责任的意识。

建筑材料也可以用来象征某些文化意象或观念，极大地影响其视觉传达效果。石材、木材、金属或玻璃等材料都有其独特的视觉质感和情感内涵。设计师可以通过对比不同材料的特性来表达更深层的内涵，如透明的玻璃可以代表开放性和透明度，坚固的石材可以代表持久和稳固。

【湖北恩施土家泛博物馆建筑材料】
位于湖北恩施的土家泛博物馆，以木材为建筑的主材，采用工厂制作的胶合木进行现场装配施工，实现低碳环保的目标。木材的建构方式采用当代风格，与金属、石材和玻璃等质感光滑的材料搭配，彰显时代感，并以此创造一种时空的张力。木材既可以作为支撑结构，又可以形成室内界面，从而省去了昂贵的室内装修费用。木屋顶主梁、次梁、龙骨、板材的层次与划分，与外墙玻璃的金属格栅划分相呼应，实现了既丰富又和谐的视觉效果（图 5-7）。

【毕尔巴鄂古根海姆博物馆建筑材料】
毕尔巴鄂古根海姆博物馆的建筑外观设计，在灰色基调上采用了石材和金属的材料组合。该建筑面向毕尔巴鄂旧城区网格状城市空间的一面，方形体量的规则展厅采用浅灰色石灰岩，与厚重的城市历史氛围相呼应；而面向滨水新区的一面，则采用玻璃和钛合金板包裹动态造型的门厅和不规则展厅，金属的灰色与石材的灰色相互协调（图 5-8）。随着日光入射角的变化，不规则双曲面的钛合金板在不同角度产生不断变化的光影效果，改善了北向逆光的问题，也打破了大体量的沉闷感，塑造了富有活力的建筑形象。

【巴特罗之家室内改造建筑材料】
隈研吾在西班牙著名建筑巴特罗之家的室内改造设计中，采用新型铝链条进行空间的视觉传达设计。巴特罗之家是巴塞罗那的地标性建筑，也是西班牙建筑大师安东尼奥·高迪的代表性作品之一。20世纪初，高迪在巴特罗之家的设计中，受动物形态（尤其是海

图 5-7　土家泛博物馆室内

图 5-8　毕尔巴鄂古根海姆博物馆鸟瞰

洋动物）的启发，采用曲线和鲜艳色彩的组合，对建筑外立面和内部进行了翻新。隈研吾在2021年巴特罗之家的楼梯和中庭改造项目中，将一种经过阳极氧化处理的金属铝链作为室内设计的新材料，通过巧妙运用铝链与光线之间的抽象表达，与高迪设计中运用光线的方式进行对话。铝链的高效连接消除了墙面覆盖物与天花板之间的视觉障碍，一连串从屋顶悬挂到地下室的铝链倾泻而下，强化了空间的垂直感。设计采用了标准密度来营造具有统一美感的层次，链条的环环相扣产生了一种独特的构图语言，大量而微小的单元的有机组合，让人联想到高迪建筑的风格。建筑师将光线的通透性与链条的金属特性相结合，铝链条的分层为空间增添了动态感和体积感。不同密度的链条形成了单色组合的多样性，阴影从屋顶开始，由上至下逐渐变深，由阴影形成的单色渐变使每个楼层都呈现出独特的特征。全天光照条件的变化也让铝链条呈现出丰富的光影效果。链条末端形成不同层次的波浪曲线，与巴特罗之家外立面栏杆的波浪曲线有异曲同工之妙（图5-9）。

【印度班加罗尔国际机场2号航站楼建筑材料】印度班加罗尔国际机场2号航站楼采用竹制藤条材料，反映了城市丰富的历史和文化。为了与班加罗尔"花园城市"的美誉相呼应，航站楼通过连续的室外自然景观空间"森林带"串联起来，室内植物、室外花园和丰富的天然材料将自然体验融入旅客的旅程。建筑群由砖块、竹子和玻璃组成，丰富多变的景观设计展现了卡纳塔克邦的自然景色

图5-9 巴特罗之家外立面与内部

（图5-10）。在这个郁郁葱葱的景观中，遍布着本土植物，还有多条蜿蜒小径和两层楼高的凉亭，凉亭以竹子为外衣，灵感来自印度传统的藤条编织。各种悬挂植物和天窗通过精致的竹网格过滤，使空间变得丰富而感性。每根立柱都由四根竹子包裹的钢构件组成，这些构件将格子的纹理一直延伸到地面，增强了航站楼内的光线和空间感。定制的家具采用传统的藤条和当地采购的象牙棕色花岗岩，为航站楼增添了一种温暖舒适的感觉。

2.建筑色彩的视觉传达设计

色彩能直接影响人们的情感和心理状态。红色通常与激情、能量和行动相关联；而蓝色则会带来平静和专注的感觉。暖色系能创造舒适、活跃的氛围；冷色系则有助于营造宁静、专注的环境。因此，根据建筑的用途和希望引发的情绪反应，选择合适的色彩至关重要。通过色彩的视觉传达设计，设计师可以强化建筑的功能，影响人们在其中的行为和情绪反应。色彩的运用也会影响人们对建筑空间的感知。明亮的色彩使空间显得开阔，深色则使空间显得紧凑。同时，色彩还能强调建筑的形式、线条，以及光影效果，从而丰富视觉体验。

【邓迪V&A博物馆室内建筑色彩】

邓迪V&A博物馆的门厅被设计成一个用当地木材覆盖的巨大空间，目的是作为一个"客厅"，提供音乐会和表演的场所，使社区恢复活力。设计师通过不同材料和色彩的运用，对各类活动空间进行了划分。在阅读、表演等活动区，以暖色调和具有柔软肌理的材质为主，提供宽敞舒适的活动场地。白色屋顶延伸至视线最远端，黑色的线条加强了纵深方向的体量感。作为主要交通流线的大台阶采用深色石材，加强了不同楼层之间的视觉联系。而位于视觉中心的垂直电梯，在材料和色彩的处理上明显被弱化，浅灰色的玻璃材质让电梯成为各种活动空间的配角（图5-11）。

在视觉传达设计中，色彩是一种强有力的象征工具，可以传达抽象概念和情感，在表达和强化建筑的文化意象方面起着至关重要的作用。例如，白色通常与纯洁、和平相关联，红色可以传达热情、力量，绿色通常与自然

图5-10　班加罗尔国际机场2号航站楼

图5-11　邓迪V&A博物馆门厅

和生态建设联系在一起，蓝色则常被用来表现水资源的珍贵。在建筑设计中巧妙地使用象征性色彩，可以强化建筑的主题和情感内涵。同时，不同的文化和历史背景赋予了色彩特定的含义。某些色彩可能与某一地区的历史事件、地方传统密切相关。色彩不仅仅是建筑表面的装饰，还是连接用户情感和建筑空间的桥梁，是建筑师用以讲述设计理念、引导观者深入了解建筑的文化和历史背景、唤起观者情感和创造视觉冲击力的工具。合理运用色彩可以加强与地方文化元素的联系，引发观者共鸣。日本石垣市政府大楼利用色彩的视觉传达作用，再现了传统景观并唤起人们的记忆。

【日本石垣市政府大楼建筑色彩】
日本石垣市政府大楼以层层叠叠的传统红瓦灰泥屋顶为特色（图5-12），其设计灵感来源于石垣岛当地的建筑聚落形式。建筑师在市政厅东西、南北两轴上布置了各种功能区，由此创造了向社区开放的街道。街道延伸至市政厅外，与周围绿色景观连接。由于石膏极易损坏，覆有石膏板的传统屋顶瓦片形式也逐渐消失。而在石垣市政府大楼的室内设计中，建筑师使用白色玻璃，为每一块红色瓦片打造边线，并重现红白相间的传统瓦片图案（图5-13）。

在文化主题建筑中，运用建筑色彩进行视觉传达设计，还可以起到植入设计概念、完成空间叙事、传达空间主题的作用。

【上海绿瓦体育书店室内建筑色彩】
在上海绿瓦体育书店室内设计中，设计师根据书店的特色，提出"明月山"的室内装置设计概念，以"书山有路勤为径"的意象融合"求知"和"登山"主题，构成叙事设计的核心，并用来自场地记忆的蓝色作为塑造"明月十八峰"系列的专属色彩，强调叙

图5-12　石垣市政府大楼外立面

图5-13　石垣市政府大楼室内

事设计的完整性和统一性。17米通高的中庭内，5层的"明月山"主峰是整个"书山"叙事的高潮（图5-14），其他各层空间内散点布置了15座以蓝色阶梯状木构为形式母题的"群峰"，分别承担书架、货柜、座椅、吧台、讲台等功能（图5-15）。"明月山"和"群峰"共同组成了一个同构的"山系"，作为实体的空间节点来藏书、纳人，而"山间空地"形成的网格路径与开阔空间则允许访客自由漫步，在游访群山的旅程中完成对书店的探索。

图 5-14　绿瓦体育书店 "明月山"

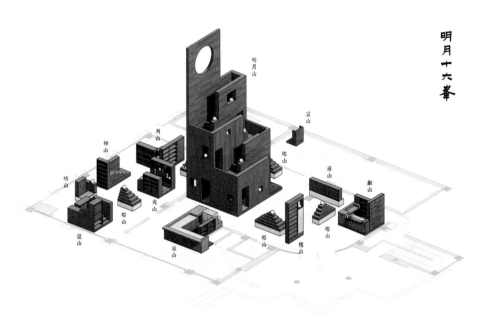

图 5-15　绿瓦体育书店 "明月十六峰" 设计概念

第三节 建筑装饰符号的视觉传达设计

符号是指代某个概念、对象、活动或其他事物的图案、标志、形状或表达。符号通过一种人们共同认识或约定的方式，将某种意义或信息与某个可见的标记或形状联系起来。符号的使用通常是为了简化、传达或强化某些信息、信仰或价值观。符号具有抽象性，它可能并不直接呈现其代表的内容，但人们可以理解其所传达的意义。符号具有文化和社会的特定性，在不同的文化或社群中，同一符号可能具有不同的内涵。

建筑装饰符号丰富多样，因文化、历史、宗教和地理位置等因素而有所不同，可以单独使用，也可以组合使用，呈现出复杂和独特的装饰效果。通过使用一致的符号和意象，建筑师创建了一种视觉语言，这种语言可以增强整体设计的连贯性和吸引力。建筑装饰符号与标识、导向系统相结合，具有一定的实用功能。在建筑中使用的标志、标牌或其他视觉符号可以提供指引信息或其他功能性信息。建筑装饰符号还具有装饰和美化建筑空间和环境的作用。独特的装饰风格和建筑意象提升了空间的美学价值，吸引人们去探索和欣赏，从而创造独特的审美体验。建筑装饰符号还能传达特定的文化信息。人们对特定符号的情感反应往往基于以往个人和集体经历，正确并恰当地使用这些符号可以增强建筑的文化意义和社会价值。

建筑装饰符号设计是文化主题建筑细部深化的重要内容之一，也在更高程度上体现了设计师对文化符号的理解及自身的文化素养和积累。

文化主题建筑装饰符号的视觉传达设计一般包含以下步骤。

首先，确定建筑装饰符号的视觉传达主题。确定建筑装饰符号的主题是一个深思熟虑的过程。设计师不仅要有创造性和审美眼光，还要理解建筑装饰符号的应用语境，在分析功能、目标受众以及所处的物理和文化环境的基础上，提出明确的视觉传达设计主题。

其次，收集建筑装饰符号的素材。进行建筑装饰符号设计，需要对相关的文化、历史和社会背景有深入的理解。设计师通过历史文献、文化传统和社会习俗研究，了解特定装饰符号的起源、发展和文化含义，与当地社区、历史学家或文化专家交流，收集具有地方特色的重要符号，从而找出与项目主题相关的关键素材。只有识别具有强烈象征意义的元素，分析象征性符号语言和不同符号的含义，才能理解它们如何在特定的文化中被解读和体验，从而将这些文化元素与建筑主题紧密关联。

最后，创新建筑装饰符号的应用场景。基于研究和分析，提出初步的装饰符号设计概念，通过草图、3D渲染或模型展示将这些符号融入建筑设计中。向项目利益相关者、社区成员和专家展示设计概念，收集他们的意见和反馈，根据反馈调整设计或进行迭代，确保符号与建筑的主题、目的及文化语境相符。考虑多样性和包容性因素，尊重多元文化和不同的社会群体，避免使用可能引起争议或具有排他性的符号。在设计和实施时，详细规划符号在建筑中的具体应用，如尺寸、材料、位置等。监督实施过程，确保设计在建造阶段的忠实再现，并根据实际条件进行调整。在这个过程中，沟通、研究和反思是不可或缺的步骤，它们确保了所用符号的文化相关性和艺术表现力。

为了更好地实现文化主题建筑中建筑装饰符号的视觉传达效果，设计师还需关注以下几方面的问题。

第一，关注装饰符号的空间适应性。考虑空间布局、人流动线和功能区域，确定装饰符号的最佳位置和规模。设计装饰元素以增强空间感，如运用图案、纹理或色彩影响空间的视觉感知。

第二，关注装饰符号的文化适应性。研究装饰符号的文化背景因素，如装饰符号的历史、含义和重要性，思考装饰符号如何体现该地区的特色、传统和价值观。重视创意概念和视觉发展。注意把握传统装饰符号与现代审美的平衡。在建筑设计中，平衡装饰符号的传统与创新是复杂而细致的过程，不仅要尊重历史和文化遗产，还要考虑现代审美和技术。设计师不仅可以在作品中表达对传统的敬意和继承，还能引入新的视角和解读，从而使传统装饰符号在当代建筑中焕发新的生命力。其关键在于找到一种既不失传统文化精髓，又符合现代审美和实用性的表达方式。在设计中，要始终保持灵活性和开放性，鼓励跨文化和跨学科的合作，探索如何将传统与现代元素融合在一起。

第三，关注建筑装饰新技术的应用。建筑装饰符号的运用需要与建筑材料相结合，根据所选材料的特性（如质地、颜色、耐久性等）调整装饰设计。传统工艺与现代材料的结合，需要进行充分的技术考量，考虑结构、安全和可持续性要求，确保装饰符号的视觉效果。在信息时代，数字技术的广泛应用对建筑装饰行业产生巨大而深远的影响。现代图形学和制造技术的发展，如数字建模与参与化设计、虚拟现实演示技术、三维打印技术等，与新材料相结合，可以精准捕捉和再现繁复的建筑装饰细节，扩展建筑装饰符号应用的可能性和持久性。

视觉传达设计注重参与和反馈机制，因此设计师还应关注用户对建筑装饰符号的反馈。设计师与项目承建方、当地社区和文化顾问合作，有助于确保建筑装饰符号的文化适应性。对复杂或多样化的使用群体进行预先实验，及时收集用户反馈，制定初步设计概念，展示如何将装饰元素与建筑风格、空间和功能相结合，利用草图、渲染图和模型来视觉化装饰符号与整体设计的结合，邀请社区成员、用户和专家提供反馈。根据反馈进行必要的调整，有助于确保最终设计被用户接受，使用户产生共鸣。

1. 具象装饰符号的视觉传达设计

具象装饰符号的来源通常是自然之物，通过对自然之物的重新组织，实现在有限空间内增强对自然空间的体验。

在中国传统建筑中，具象装饰图案有着悠久的历史和丰富的内涵，常常被用作主要空间的主题装饰元素，提升建筑的美观度和艺术价值。无论是皇宫大殿还是村舍民宅，往往采用具象图案作为建筑装饰符号，用于屋脊、梁柱、墙身、栏杆、台阶等部位的彩绘、石雕、木雕等装饰细节中。这些装饰图案融入了中华文化的哲学、宗教、神话和日常生活等深刻内涵，成为具有中国文化意义的装饰符号。

常见的中国建筑装饰符号有人物、动物、植物等几大类。人物图案往往具有象征性和故事性，常用来纪念或记录历史上的重要人物，也可以用来描述历史事件或场景，代表特定的历史、神话、传统或其他文化意义，作为某种象征或隐喻，传达某种概念、情感或价值观。除人物图案外，以动物、植物为主题的装饰图案也十分常见，常被用作权力、勇气、神圣等的象征，或根据汉字谐音表达吉祥如意、幸福美满、健康长寿等美好祝福。中国传统建筑中常见的动物装饰图案包括龙、凤、狮、鱼、蝙蝠及十二生肖等，用于不同等级、不同场景的官式和民间建筑中。常见的植物图案包括蟠桃、莲花、梅、兰、竹、菊等，以叶子、花朵、树枝等表达美好寓意，适用场景更为广泛。此外，还有一些与自然有关的中国传统文化中常见的装饰，如假山、案石、云纹、八卦、太极、青龙、白虎、朱雀、玄武等符号，也传达了中国文化中关于人与自然的哲学和世界观。

当代文化主题建筑的具象装饰符号的视觉传达设计，并不是简单模仿传统的装饰图案，也不是沿袭曾经的装饰符号的用法，而是要进行图形学的重构，对装饰符号的特征进行提取、简化，并以现代设计逻辑为基础进行单元重组，实现对设计主题的视觉传达。

【绩溪博物馆假山石图案】
在绩溪博物馆设计中，建筑师用数学上的分形几何对自然界的假山石进行抽象化处理，形成一种介于人工与自然之间的意象，用简洁抽象的人工图案唤起人们对自然事物的相似体验的记忆和关联印象。这种图案用于塑造博物馆的前广场假山石，也用于院落里建筑与水池、草地交接处的人工假山和岸石铺地图案（图 5-16、图 5-17）。

银河积水+永州石
[明]《素园石谱》

绩溪博物馆
前广场假山

图 5-16　绩溪博物馆假山石图案

5-17　绩溪博物馆假山石

同样，西方历史建筑中也有大量的具象装饰符号，不仅反映了一个时代的艺术和审美，也体现了文化、宗教、政治和社会动态的深层次变化。古埃及人通过关于神的起源和神话来解释大自然的神奇与世界的创造力。狮身人面像在兽体上加人头，象征着人类的智慧和强大的控制力。古希腊、古罗马建筑在柱头、山花和穹顶上雕刻、彩绘人物和动植物图案，表达对理性之美、世俗权力和精神信仰的追求。18世纪法国的洛可可艺术风格在装饰纹样中大量运用花环和花束、弓箭和箭壶及各种贝壳图案，且偏爱白色和金色组合的色调，造型优雅，色彩明快，形成了婉转柔和、精致细腻、艳丽纤巧的特点。19世纪英国的工艺美术运动强调装饰，注重选材，主张采用植物、动物作纹样，设计风格较为朴素、大方、实用。20世纪下半叶的后现代主义建筑打破现代主义"装饰就是罪恶"的功能主义规则，强调建筑在文化、语境和意义中的角色，重新引入装饰符号和历史隐喻。

当代建筑更加强调可持续性、本地材料的使用和对环境的回应，同时探索新的形式和技术，体现了全球化、多元文化和环境意识。在整个历史发展进程中，装饰符号在建筑中的应用从表达宗教和权力的象征，转变为更广泛地反映社会、文化和哲学思想。随着社会的不断发展，建筑中装饰符号的使用也将继续演变，以反映新的技术、思潮和全球议题。

【巴塞罗那奥运村鱼形雕塑】
巴塞罗那奥运村鱼形雕塑借由对鱼的造型的模仿，表达了建筑师弗兰克·盖里（Frank Gehry）对"自由曲线"的热爱（图5-18）。复杂的鱼形雕塑由盖里事务所的主要电脑工程师瑞克·史密斯（Rick Smith）利用辅助设计软件CATIA建模。图形被传递给激光切割机切出鳞片状构件，最终精确地完成鱼形雕塑，实现异形形体从虚拟到现实的转变。

图 5-18　巴塞罗那奥运村鱼形雕塑

2. 抽象装饰符号的视觉传达设计

对于文化的识别，装饰符号常植根于特定的文化传统和历史中，人们通过这些符号识别并体验自己的文化遗产。抽象装饰符号同样代表社会文化、宗教信仰、价值观或精神概念。与具象装饰符号不同的是，抽象装饰符号意义的交流，更依赖于对深层象征意义的传达。有时需要借助材料、色彩、光影等多种视觉传达媒介，才能实现与观者的沟通，引发观者共鸣。

几何图案作为建筑装饰符号在多种文化建筑中都有广泛的应用，通常以简单的形状、线条和图形为基础，通过重复、变化和组合创造出复杂而有吸引力的图案，包括圆形、三角形、四边形、星形等基本几何图形。几何图案的建筑装饰符号具有时间和文化的跨越性，从古至今都被广泛应用。这些图案可以简单或复杂，往往通过数学或对称的原则为建筑带来视觉上的和谐和平衡。

【法国马赛"蓝色大门"综合体】

法国马赛"蓝色大门"综合体的外立面设计，以 414 个圆拱组合而成的充满诗意的建筑语言，传达了一种面向地中海的浪漫情怀。这栋建筑位于马赛市的 Arenc 码头，是城市与外部区域交界处的门户建筑。作为面向旅游者的酒店住宅综合体，其设计主题希望表达对马赛这座城市的赞美。马赛一直是跨地区移民和多民族交融的城市，具有丰富的文化多样性。建筑师让-巴蒂斯特·皮埃特里（Jean-Baptiste Pietri）以浪漫理性主义哲学为基础，将混凝土圆拱作为立面造型元素进行组合设计（图 5-19）。立面上的圆拱相互依存，构成一幅完整拼图，每一片都缺一不可，表达了对这座城市文化多样性的致敬。拱顶作为建筑立面的元素，与希腊文明、罗马文明紧密联系，也象征着马赛和地中海沿岸的文化起源。圆拱的白色混凝土产自马赛附近的城镇欧巴涅，是对地中海和石灰石颜色的一种借鉴。

冰裂纹是我国传统装饰符号中一种常见的几何图案，在现代建筑中也常作为装饰符号，表达对传统文化的传承。在传统装饰中，冰

图5-19　马赛"蓝色大门"综合体

裂纹常用于门窗、隔断、围栏、椅背、橱门、搁板等处，是一种表现自然变化的裂纹图案。图案形状千变万化，充满了神秘感，貌似杂乱无章，实则错落有序。不同于其他严谨对称的窗棂形式，冰裂纹能够呈现出一种别样的随意之美。其不拘章法的分割方式也是所有窗棂形式中最为随机的一种，不需要整齐的边界，能灵活运用于各种不规则的画面，具有构图灵活、雅致通透的特点。明代造园家计成在《园冶》中提到冰裂纹时说"其文致减雅，信画如意，可以上疏下密之妙"。传统建筑中冰裂纹的制作效果依赖于工匠的审美和手艺，属于难度较高的一种装饰符号。借助现代数字技术，可以快速生成大量造型优美的冰裂纹图样[①]，使现代建筑能够更加方便灵活地呈现冰裂纹装饰效果。

【浙江乌镇大剧院西大厅外墙】

乌镇大剧院西大厅采用"虚"的空间形式，由通透的玻璃体围合，其外侧装有冰裂纹花格窗，内部观众厅外墙以金箔装饰，透过冰裂纹及金箔形成独特的光影效果，赋予空间幽静、雅致又不失传统的氛围（图5-20）。

模拟自然的水波纹、云纹也是常见的抽象装饰符号主题。随着非线性建筑的快速发展，抽象装饰符号的创作空间也获得巨大的拓展。

【上海地铁豫园站】

上海地铁豫园站是目前上海下挖最深的地铁站，墙、柱、楼板层高等土建条件不可改变，给站厅室内设计带来挑战。从豫园站乘坐地铁去浦东，头顶上方其实正是黄浦江。豫园站的天花以水波状的曲线为母题，通过在柱廊顶部重复且富有节奏感的变化，将这种真实存在却不易察觉的体验视觉化（图5-21）。曲线经过多次调整，拍打到柱体上的天花形似浪尖，也神似城隍庙的飞檐，作为飞檐在水中的倒影，形式具有东方韵味。水波天花由几万片铝板切割、弯折、拼接而成，与灯光相结合，形成一个大型的三维LED天幕，可以呈现各种光效。除了预设的水墨灯效外，还能结合不同的节日、事件，呈现不同的光色。例如，国庆和春节可以呈现中国红的颜色，情人节和七夕可以呈现飘洒花瓣的效果。该天幕还向公众开放，大家可以投稿共同参与塑造豫园站的空间光影。

---

① 吉国华.传统冰裂纹的数字生成[J].新建筑，2015（05）：28-30.

图 5-20　乌镇大剧院西大厅外墙冰裂纹装饰

图 5-21　上海地铁豫园站

本章训练和作业

作业内容： 熟悉建筑构件、建筑材料与色彩、建筑装饰符号的视觉传达作用，掌握视觉传达设计的原则和方法。根据任务书和设计概念，对建筑构件、建筑材料与色彩、建筑装饰符号等要素进行视觉传达设计，完成方案的结构设计、立面设计和细部设计。

作业时间： 课内 6 课时，课后 6 课时。

教学方式： 理论讲解与案例教学相结合，同时进行设计实践指导，帮助学生在不断尝试和修改中，完成具有合理性和创新性的视觉传达设计。

要点提示： 视觉传达设计是方案深化的重要内容，是实现设计概念的重要环节，也是决定方案质量和完成度的关键步骤。在视觉传达设计时，需要综合建筑结构、建筑构造、建筑材料、建筑装饰、室内设计等方面的知识，有一定的难度和挑战性。鼓励高年级学生和研究生在这一环节中不断尝试，寻找突破，形成自己的设计风格。

作业要求： 每个学生根据不同的元素类别收集视觉传达设计的优秀案例，进行案例学习。提出自己的视觉传达设计方案，并在课堂上与指导教师交流。

课后作业： 深化平面设计，绘制立面设计和细部设计草图。

第六章
参数化设计

本章教学要求与目标

教学要求：

通过本章的教学，学生应了解参数化设计的计算思维、过程逻辑和审美体验等，熟悉参数与算法、工具与软件、设计与建造等流程，掌握参数化设计在文化主题建筑设计中的应用，为文化主题建筑提出参数化设计方案。

教学目标：

（1）知识目标：了解参数化设计的原理和流程，掌握文化主题建筑设计中运用参数化技术进行形态生成和表皮生成的原则和方法，熟悉典型案例。

（2）能力目标：能根据不同的项目要求，合理选择并灵活运用参数化技术进行形态生成和表皮生成设计，提出适宜的参数化设计方案。

（3）价值目标：培养学生在文化主题建筑中运用数智技术和计算思维进行参数化设计的钻研精神；培养学生严谨细致与精益求精的工匠精神；培养学生在艺术创作中孜孜以求、积极探索的创新精神。

本章教学框架

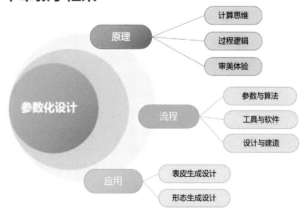

本章引言

自 20 世纪 90 年代初期起，格雷戈·林恩（Greg Lynn）等先锋建筑师开始探索建筑数字化设计理论及方法，折叠（Folding）、涌现（Emergence）、非线性（Non-Linear）等设计理论和方法相继出现。这些理论大多有着复杂的社会、科学、哲学及技术背景，大量借用生物、信息、数学等学科的专业术语和思维方式，引领了近年来以交叉学科为基础的参数化建筑研究和实践的新兴增长领域。

进入 21 世纪后，参数化技术在世界各国迅速发展，涌现出一大批具有代表性的先锋事务所，如扎哈·哈迪德建筑事务所（Zaha Hadid Architects）、UNStudio、KPF、SOM、MASS、BIG 等。在理论研究方面，英国的建筑联盟学院（AA）、西班牙的加泰罗尼亚高级建筑研究所（IAAC）、荷兰的代尔夫特理工大学、瑞士的苏黎世联邦理工学院以及美国

的哥伦比亚大学、哈佛大学、普林斯顿大学、麻省理工学院等，都走在研究参数化设计领域前沿。

党的二十大报告指出，实施产业基础再造工程和重大技术装备攻关工程，支持专精特新企业发展，推动制造业高端化、智能化、绿色化发展。我国经济的飞速发展不仅带来了巨大的建设规模，同时也为新建筑科技、新设计理念提供了广阔的发展空间。参数化设计进入国内建筑设计领域后，很快呈现出方兴未艾的发展趋势。近年来，清华大学的徐卫国建筑工作室、北京市建筑设计研究院方案创作工作室（BIAD UFo）、马岩松建筑事务所（MAD）、华汇设计（北京）（HHD FUN）等国内先锋事务所也开展了较为成功的参数化探索及设计实践。

第一节　参数化设计原理

参数化设计应用数字技术，通过确立各因子之间的相互关系，进行可调整、可控制的动态操作以辅助设计。受建筑界的参数化设计思潮影响，文化主题建筑设计从原来的建筑设计模式中解脱出来，运用更加灵活、更富有想象力、更精确的方法进行设计。建筑的形态、风格与空间开始向着更复杂、更模糊、更流动的方向发展。参数化设计代表了一种全新的思维模式，为建筑的思维方式、过程逻辑、审美体验都带来了剧烈的变革。

1.计算思维

参数化设计以计算思维为基础。计算思维（Computational Thinking）是运用计算机科学的基础概念去求解问题、设计系统并理解人类行为。卡耐基梅隆大学计算机科学教授周以真提出，计算思维是人类通过计算机发展出来一项基本技能，也是一种普适的思维方法和重要的思想工具。计算思维已经成为参数化建筑设计的方法论基础，通过清晰的逻辑规则来操控大量复杂的数据及关系，是数字化设计思维的核心。参数化设计将数据操作赋予一切单纯的设计形式，把影响设计的多方面复杂因素作为参数并建立关联，形成参数模型，运用计算机技术来完成方案。

计算思维要求建筑师首先通过研究得到一些有意义的信息／数据，对这些信息／数据进行分类、筛选，得到可以应用的参数，然后通过设定特定的规则，让这些参数建立起特定的关系。规则可以是一段可以执行的脚本／程序，

最终得到一组具有类似特征的结果；也可以是一段持续演变、无限循环或不循环的动画，设计结果是这段动画中的一个固化的瞬间。

关联（Association）使参数建立特定的关系，是建立规则的基础。算法（Algorithm）是计算思维的核心，在关联的基础上，通过一系列解决问题的清晰指令，用系统的方法描述解决问题的策略，把模糊的概念发展成明确的系统化形式。算法通过脚本代码实现。脚本（Scripting）使用特定的描述性语言，依据一定的格式编写可执行文件，是表达计算思维的技能和工具。

数字技术的迅速发展，使数学概念、逻辑、公式等在数字环境下转换成具体形态，成为一种崭新的造型方法，在无形与有形之间建立起直观的联系。建筑师不是直接控制形态的变化，而是通过改变数学公式或参数控制生成逻辑的变化，从而间接地控制形态的生成。在面对建筑设计的复杂性时，与建筑密切相关的所有设计因素都有可能在特定的问题中成为重要参数。建筑师分析建筑功能、形式、结构、环境行为心理等客观条件，探究其内部逻辑规律，定义关键参数与逻辑关联，将其转换为程序、算法、公式等生成逻辑，也就是高度抽象概括出参数化建筑的意义。当建筑师操作设计中的生成规则与所设置的参数变量时，生成的结果也就是建筑形体的表象是无穷多解而不是单一解。[①]

---

① 蔡良娃，曾鹏.参数化建筑设计中美学意义的转变[C]//全国高等学校建筑学学科专业指导委员会.模拟·编码·协同：2012年全国建筑院系建筑数字技术教学研讨会论文集.中国建筑工业出版社，2012：179–184.

2. 过程逻辑

参数化设计强调过程逻辑。过程是指事情进行或事物发展所经历的步骤。过程逻辑是指在一个完整设计方案中，设计师首先考虑影响该设计方案的因素，包括形体、结构尺寸、色彩以及适应环境的各种参数，然后通过一个关系式将每一步骤所需的参数联系起来，构成一个设计的流程。[①] 这个流程的每一部分都可以通过调节参数来控制设计的最终结果，这种设计方式是自下而上的。

自下而上的设计方法是用非常理性的方式和过程得到看似无序的复杂形式，这种自下而上的结果往往难以预料、出其不意。也可以说，自下而上的工作方法是创新的真正助力。强调过程逻辑意味着把设计过程作为研究过程对待，需要精心设定设计过程，经过设计过程的检验，让最终结果自然呈现。自然呈现的结果可能与预设结果相同，也可能完全不同。如果呈现结果低于预期，设计师需要回到设计过程的某个阶段，修改甚至重新设定生成的规则。在这类模式中，设计的重点是生成的规则。在最终方案呈现之前，设计师没有办法预测该方案是否符合预期的理想效果，所以需要不断地进行检测、评估和修改。使用这种方法，无论生成还是调整和修改，设计师都依靠逻辑而不是依靠直觉接近最终的形式。这样的工作方式需要更为抽象的思维能力。

由于过程逻辑可以被描述得非常清晰并能加以检验，规则的制定、调整和修改都在更为理性的沟通平台上进行。因此，参数化设计在团队协作的设计沟通方面具有较大的优势。

团队成员可以像科学家进行科学研究一样，将参数化设计的多项研究逐步推进，共同完成。

3. 审美体验

参数化设计正在改变人们的审美体验。参数的逻辑规则不是外在的客观认知，而是对意义的体验和理解。在建立各参数变量之间相互联系的逻辑规则时，参数化设计注重特殊情况，即个性。参数化设计活动可以被视为主体与主体间的理解活动，即自我与世界作为相互交往的主体，通过精神层面的交流对话，达到审美的同生共在。参数化设计的建筑作品更加注重体验性、交流性、参与性，这种积极的交流和互动使得建筑作品意义的阐释变得多元而丰富，使建筑的体验与解读过程充满审美的愉悦。[②]

同时，参数化设计提供一种在秩序性与复杂性之间取得平衡的审美感受。秩序性是美学范畴的一个关键问题，是最易感悟和最具审美价值的审美对象。但单调的形式难以吸引人们的注意力，单调的秩序性也会让人感到乏味。而过于复杂的形式则会使人们的知觉系统负荷过重而停止对它的欣赏。审美心理学领域的研究表明，审美快感来自对某种介于乏味和混乱之间的形式的欣赏。格式塔心理学将这种介于单调和混乱之间的形，称为复杂而又统一的格式塔，是最成熟、最具艺术表现能力的格式塔。[③] 使用参数化设计得到越来越复杂的形式和空间是一个必然的结果。复杂性是参数化设计存在的基本前提，对复杂性的审美也是参数化设计在美学意义上的重要贡献。

---

① 王男，薛媛，王佩国．基于过程逻辑的设计思维方式探究 [J]．艺术教育，2014（08）：268-273．

② 蔡良娃，曾鹏．参数化建筑设计中美学意义的转变 [C]// 全国高等学校建筑学学科专业指导委员会．模拟·编码·协同：2012 年全国建筑院系建筑数字技术教学研讨会论文集．中国建筑工业出版社，2012：179-184．

③ 石孟良，彭建国，汤放华．秩序的审美价值与当代建筑的美学追求 [J]．建筑学报，2010（04）：16-19．

第二节　参数化设计流程

传统的建筑形态设计依靠经验、想象的思维方式得出大体的设计形态，追求的是最终的设计结果。而参数化设计以基于过程逻辑的设计思维方式，关注整个设计的流程，使设计过程变得可以控制。

1. 参数与算法

参数化（Parametric）与参数（Parameter）密切相关。参数是对指定应用而言的，它可以是赋予的常数值，在泛指时可以是一种变量，用来控制随其变化而变化的其他量。参数化指建立起的特定的关系，当这种关系中的某个基本元素发生变化时，其他元素也随之变化，从而保证最初定义的关系不变。参数关系在计算机领域表现为算法，由计算机程序驱动生成形态，从而实现在满足约束条件下设计的造型。

参数化设计过程中最重要的环节是制定算法规则。规则既包括生成系统的规则，也包括评估的规则。其基本工作方法是找出对某个项目有影响的各类因素，然后借助各领域的知识制定符合该项目特点的生成规则，其中应用最为广泛的是几何规则。在项目比较复杂时，需要针对不同的问题制定多套规则，同时还要制定一套控制或协调各规则之间关系的规则。应用这种设计方法生成的是一系列类似但各不相同的方案，因此需要制定一套评估规则帮助设计师进行选择。在规则控制下生成的大量方案，有时即便经过评估规则的筛选，也不能保证达到最为理想的效果，

这就涉及规则的修改。修改的逻辑与生成的逻辑一样，设计师需要在生成规则中，调整参数的设置，以扩大或缩小终端形象的数量，以及强化或弱化特定的几何形式。如果仍然不能达到理想的效果，更进一步的修改则是对生成规则本身进行调整，从而得到另一类可能性。[①] 算法的规则重组是一种全新的自下而上的工作方法，其基本指导思想是局部之和大于整体。这一思想根源即复杂性科学中所说的涌现理论，"涌现的本质就是由小生大，由简入繁"。

一般情况下，最为简便的算法是直接借助功能较为强大的参数化设计软件，如 CATIA/DP、GC、Rhino 及其插件 Grasshopper 等进行规则设定，并研究规则控制下的结果。对于具备写脚本和编程能力的年青一代建筑师，也可借助 Monkey、Processing、Maya 或其他软件的脚本和编程功能进行更为广泛和深入的探索和尝试。最复杂的操作是与专业的软件工程师合作，使用最核心的底层计算机语言，帮助建筑师开拓更多的可能性，解决更为复杂的问题。

2. 数字工具与软件

参数化设计的发展与 20 世纪计算机技术的进步息息相关。正是数字工具的崛起，才使得参数化设计走向现实。与其他计算机技术一样，参数化设计的技术平台主要包括硬件和软件两部分。硬件部分主要是指我们目前所使用的第四代计算机，包括常用的个人计

---

① 刘延川 . 参数化设计：方法、思维和工作组织模式 [J]. 建筑技艺，2011（21）：34-37.

算机及专业的图形工作站。一般来说，参数化建筑设计工作者使用的都是高性能计算机，计算机硬件水平也是参数化技术发展的重要条件。例如，计算机处理器的核心数量和主频、显示器的显示原理和分辨率、三维图形加速卡的渲染能力、数据总线对大容量数据的传输能力，都对参数化几何逻辑建构的实现具有直接影响。从软件角度来讲，参数化设计的技术平台主要包括深层的计算机图形技术及各种参数化设计软件。深层计算图形技术主要指计算机以数据形式对二维或三维图形、图像进行转化、存储、交换的处理技术，以及操作系统为各种图形应用软件提供的 API 接口等，例如 Windows 系统下的 Microsoft DirectX 技术。

目前较为成熟的参数化软件有如下几种。[①]

GC（Generative Components）是 Bentley 公司在 MicroStation 基础上开发的参数化软件。其核心是在文件中存储"特征树"。特征树代表了建模过程中参数之间的连接关系。使用者可以通过建构、调整特征树来组织建筑设计中的各种逻辑关系。这些操作都是可逆的，建筑师可以对从开始到结束的任意一个阶段进行修改。

DP（Digital Project）是美国的 Geory Technology（GT）公司基于 CATIA 平台开发的建筑设计参数化软件。CATIA 平台是在航天和汽车工业中广泛应用的高端参数化设计软件。DP 去掉了其中与建筑设计无关的部分，并加入了适合建筑设计的模块，使之更适应建筑设计。DP 是目前最为成熟的参数化建筑设计软件之一，同时也是最接近生产制造的

参数化软件，有着强大的物理管理功能和输出接口，可以无缝输出到数字制造设备进行加工生产，因此许多著名的设计事务所都使用 DP 来进行复杂的建筑设计。

Maya 的 mel 语言、3ds Max 的 MaxScript 等原本是用来编写制作动画脚本语言的，被建筑师引入建筑领域后，也成为参数化设计工具。它们的特点是造型能力强大，但进入编程语言的门槛较高，而且生成结果无法满足建筑制造的精度要求，往往在生成设计雏形之后，还需要导入其他参数化软件进行下一步设计。

Autodesk Revit 是 Autodesk 公司基于 AutoCAD 平台开发的参数化软件。它的参数化内容包含参数化图元和参数化修改引擎两部分。Autodesk Revit 使用一个环境驱动的引擎来创建一个建筑元素关系网格，然后使用这个网格来创造和修改建筑形体。当使用者绘制草图时，Autodesk Revit 保持元素之间的关系。如果使用者对某个元素进行修改，参数化修改引擎将询问需要同步更新的其他元素以及如何进行变更，为设计方案的修改提供了便利。Autodesk Revit 同时支持设计优化，允许建筑师利用一个模型并行开发多个方案，进行可视化、量化和假设分析比选。虽然其功能没有 DP 强大，但是操作更加简便，与同平台的 AutoCAD 等常规绘图软件能够很好地融合，因此目前应用比较广泛。

Grasshopper 是针对 Rhino 平台开发的新兴参数化软件，也是目前应用最为广泛的参数化设计软件之一。Grasshopper 改变了以往编程软件的高门槛和抽象性，采用图示化界面和面向对象的操作系统，使用较为便捷。

---

① 此部分内容出自《基于参数化技术的建筑形体几何逻辑建构方法研究》（袁大伟，2011）。

Grasshopper 将常用的命令用电池块来表示，电池的左端有链接输入条件的接口，右端有不同的数据输出端口，使用者可以直观地通过在不同的电池之间连线来建构复杂的逻辑关系。在后续的版本中，Grasshopper 开发了 VB、VC 语言模块，向下兼容了这两种常用的编程语言，并且通过插件实现了与 Ecotect 等物理分析软件的对接，功能更加强大。

Easy Flower 是一款基于分形几何的植物形态模拟软件，它能抽象出自然中植物生长形态的分形特征，通过简单参数的设定可以快速地生成类似植物形态的复杂的三维图形，扩展了建筑设计的语言。

Mathematica 是一款科学计算软件，很好地结合了数值和符号计算引擎、图形系统、编程语言及文本系统，可利用数学公式，如最小表面公式等，在软件平台上生成建筑形体，造型能力相当强大。但其形体的生成逻辑是用数学函数来控制的，输入函数和输出结果之间的关系不够直观，要求使用者具备相当的数学知识。

除了以上常见的参数化设计软件之外，参数化设计也会在多学科交叉的过程中借助其他软件的强大功能。计算机技术的不断发展，为参数化设计带来创新。

3. 参数化设计与数字建造

在新的市场环境下，对高品质建筑的精细化需求使大规模重复性的工程建造方式逐渐暴露出其可变性差的固有局限。文化主题建筑对地方性、多样性的追求催生出一批充满个性化和想象力的参数化设计，传统的工程建造模式难以满足其施工建造要求。参数化设计与建筑信息建模和数字化建造技术相结合，改

变了数字化时代建筑设计与施工建造的流程。

建筑信息模型(Building Information Modeling, BIM)是以三维数字技术为基础，集成建筑工程项目各种相关信息的工程数据模型，是对工程项目相关信息的详尽表达。建筑信息模型是数字技术在建筑工程中的直接应用，以解决建筑工程在软件中描述的问题，使设计人员和工程技术人员能够对各种建筑信息做出正确的应对，并为协同工作打下坚实的基础。建筑信息模型同时又是一种应用于设计、建造、管理的数字化方法，这种方法支持建筑工程的集成管理环境，可以使建筑工程在其整个进程中显著提高效率和大量减少风险。

数字化建造 (Digital Fabrication) 是由计算机介入、控制或生成的在各个尺度下进行的加工制造过程。数字化建造技术包含目前各种可以与参数化设计软件良好衔接的生产制造技术，是数字技术与工程建造系统融合形成的工程建造创新发展模式。在这个过程中，要充分考虑材料的特性和加工运输的限制条件，把复杂而无序的形体优化为有序的可建造的建筑构件。常用的技术包括三维模型激光打印、电脑数字化控制技术 CNC (Computer Numerical Control)、快速原型制造技术 (Rapid Prototyping Manufacturing) 等。这些参数化软件和参数化制造工艺的出现推动了建筑设计的参数化进程，为参数化设计与建造提供了技术基础。

【香港汇丰银行大楼数控建造技术】

诺曼·福斯特设计的香港汇丰银行大楼是第一个从数控建造技术中获益的建筑作品。由于其特殊的构造，大楼的铝面板形状大小不尽相同，数量多达几千片。这些铝板的加工运用了新型数控冲压机和焊接机器人，从而

节省了绘图所需的数月的人工，免去了传统冲压机为适应数千块不同的面板设计而做的数千次调整，避免了组装中的焊接变形，还满足了快速跟进的施工计划（图6-1）。

数字化建造所运用的数控加工制造技术也对建筑设计提出了新的要求。设计者提供的产品信息必须足够精确，才能符合数字设备的要求，且不能有任何微小的错误，否则加工过程就必须被迫中断，退回到初始设计阶段，重新修正所有工序，才能加工出符合要求的产品。传统图纸、模线、型胎等非数字化设计，由于不能满足数控设备的要求，容易造成数控加工成功率降低、周期加长、制造成本增加等后果。此外，非数字化设计还存在不便传递、耗材量大等缺点。与数控加工对接的数字化设计是数字化建造的基础。以CATIA系统为例，它能帮助生成支撑自由曲面的内部骨架，不必实际制造就能够发现并修改设计中的不足，比草图和模型精确且有效

图6-1　香港汇丰银行大楼

得多，建筑师可通过对数字化模型的深入推敲，同时进行内部空间与外部形体的塑造。

【德国维拉特设计博物馆数字化设计与建造】
20世纪80年代末，盖里在维特拉设计博物馆（Vitra Design Museum）设计中采用倾斜、扭曲、漩涡的造型，表现流动性、动态性和相互关联的体量（图6-2）。呈螺旋状上升的建筑形态，以及接近顶部的地方还有一个转折向上的屋顶变化，使施工方难以参照传统画法的几何图纸进行施工。与法国达索飞机公司合作后，电脑工程师运用CATIA软件进行数字化设计和数控加工制造，才解决了这一施工建造的难题。

【毕尔巴鄂古根海姆博物馆数字化设计与建造】
毕尔巴鄂古根海姆博物馆以CATIA的数字化设计平台为基础。盖里设计方案的三维数字模型（图6-3）被传送给芝加哥SOM建筑师事务所进行结构设计，钢结构施工图也以三维数字模型的形式从芝加哥传送给毕尔巴鄂当地的钢材制造商。从这些模型上可以直接读取到整个结构中每根钢构件的型号、尺寸、与其他构件的连接方式等诸多与钢材加工直接相关的信息，从而迅速投入数控加工制造中。钢材成品被运往工地，直接装配。经过多专业人员的协作，这个奇特建筑的钢骨架才被建造起来。

参数化设计的产品本身具有较强的复杂性，无论是后期使用参数化工具，还是一开始就用算法进行系统生成，所能形成的结果都具有非常复杂的秩序，依靠传统工作模式已经无法精确高效地完成最终的设计文件。随着现代建筑对高完成度设计的要求逐步提高，与此相配的二维或三维协同工作模式是必然选择。

图 6-2　维特拉设计博物馆

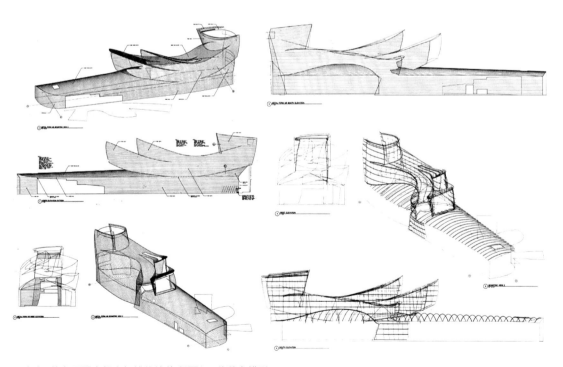

图 6-3　毕尔巴鄂古根海姆博物馆的 CATIA 三维数字模型

第三节　参数化设计应用

为表达建筑的文化主题，建筑师需要从自然与人文的角度，对地形地貌、场所环境、地方传统、历史文脉、社会风俗及人的行为特点等因素进行考察，并通过现场调研对相关信息进行收集。将这些采集到的信息数字化，就可以成为参数化设计确定参量和算法的基础。

从参数运用的不同角度进行划分，文化主题建筑中常见的参数化设计可分为表皮生成设计和形态生成设计两大类。

1. 表皮生成设计

建筑表皮作为重要的视觉传达要素，是文化主题建筑细化设计的重要内容。运用参数化工具进行表皮生成设计，为文化主题建筑开辟了宽阔的创作路径。

分形几何在二维空间的运用，是最常见的参数化表皮生成设计方法。通过细分，建筑师可以获得构成建筑物的基本单元（如一块砖头、一块铺地的石材等），或某些构件组成的模块（如一段墙或天花、一个窗户等）。除了从表面上可以直接看到的具体基本单元外，细分后的单元也可能是一些更为抽象的构成元素，如一条复杂的曲线可以细分为多段用数学公式精确描述的曲线。对不同层级的、人眼不能直接感觉到的抽象单元进行多次细分，就能够完成高度复杂化的表皮图案，用于建筑立面、顶棚装饰、地面铺装等多种场景的图案设计。将元素细分后再进行重组，遵循某些特定的逻辑或者按照某种特定的生成规则进行迭代，还能得到更加复杂的表皮生成逻辑，从而将基本的原型演变成复杂形体，实现新的美感体验。

【深圳市当代艺术与城市规划馆】
由奥地利蓝天组建筑事务所设计的深圳市当代艺术与规划馆（MOCAPE），利用中国传统七巧板作为参数进行建筑表皮设计，玻璃、冲孔板、石材三种表皮材料通过钢结构系统相互延伸扭转，形成复杂而充满生命力的建筑形体，极具探索感（图6-4）。七巧板是由七块板组成的，完整图案为正方形和三角形。设计师巧用这种比例分割衍生出三种不同的比例，得出丰富的表皮肌理，使得室外光线投射到建筑内部，人们亦可透过表皮看到建筑周围的环境和中间的庭院。建筑的外形为曲面形状，其中文化活动场地、规划和展览部，以及办公、接待和多功能厅的共享空间都设有单独的出入口，中间围绕的庭院也被覆盖在巨大的曲面屋顶下，给人以丰富的空间体验（图6-5）。

【阿布扎比卢浮宫】
让·努维尔设计的阿布扎比卢浮宫，其形体的主要视觉标识为一个直径达180米的穹顶状的屋顶（图6-6），穹顶下覆盖了55栋独立建筑，其中包含了23间画廊。努维尔从阿拉伯传统装饰织纹中抽象出组合单元的基本形式，并通过改变其尺度及比例形成多个不同的编织单元，按不同的规则进行组合排列，再相互叠加，最终成为穹顶的屋顶结构。穹顶的复杂纹理以深入的几何学研究

图 6-4　深圳市当代艺术与城市规划馆表皮材料

图 6-5　深圳市当代艺术与城市规划馆中庭

为基础，努维尔工作室的建筑设计团队与 BuroHappold Engineering 的结构工程师们进行了密切的合作。穹顶上的图案在 8 个重叠的层面上以多种尺寸和角度重复排布，使射入的每一束光线都必先经过 8 个层次的过滤，然后逐渐淡出。随着日照路径的变化，穹顶最终呈现出一种梦幻的效果。夜晚穹顶的图案将形成 7850 颗星星，将室内外同时点亮。穹顶以"光之雨"为名，形成了一个光影斑驳、错综迷离的室内空间（图 6-7）。编织造

型还被用于其他细节的形态和表皮设计，成为阿布扎比卢浮宫设计概念中最典型的特征。

泰森多边形也是常见的表皮细分设计的参数化方法。泰森多边形即 Voronoi 图形，是一组由连接两邻点线段的垂直平分线组成的连续多边形，是数学家沃罗诺伊提出的针对空间分割的一种算法。每个泰森多边形仅有一个离散点，泰森多边形内的点到相应离散点的距离最近。泰森多边形应用非常广泛，通

图 6-6　阿布扎比卢浮宫屋顶的编织造型

图 6-7　阿布扎比卢浮宫"光之雨"穹顶

过计算几何，可以利用泰森多边形优化网格，使离散点变得更加均匀；通过对图形优化，还能够节约用料，降低成本。泰森多边形的几何特点也具有较强的艺术效果和视觉传达特征，有助于文化主题建筑表达设计概念。

【杭州运河大剧院表皮设计】

杭州运河大剧院的表皮设计就采用了泰森多边形的参数化设计方法。建筑的形体确定为一种螺旋上升的三维空间形态，表皮设计对螺旋上升的片状幕墙进行了细分设计。细分设计将表皮从三维展开成二维形态，通过Unroll组件展开后得到幕墙表皮的轮廓。提取表皮上、下长边，通过结构计算，按照8米等距划分，确定支撑钢架。为了让设计更加灵动，竖向划分线的向下点随机偏移2～4

米，从而使表皮划分不是机械的竖向线条形态，而是类似树叶脉络的形态。以整个轮廓为限定边界，制作随机点，建构Delaunary三角网格，形成泰森多边形图案，并通过分割单元对泰森多边形图案再次分割，得到单元内网格图案（图6-8）。

在表皮生成设计中，参数化设计还能通过吸引子算法表现建筑表皮受特定因素干扰产生的变化。吸引子算法模拟空间内物体之间的相互作用，进而影响对象的形态生成。吸引子能够根据参数的不同，使空间构成要素产生不同的变化，影响空间中其他对象的特性。吸引子的种类较多，比较常见的有点、曲线、位图干扰，以及与设计相关的各类信息，如日照、温度、湿度等，都可以反馈到设计要

图6-8 杭州运河大剧院

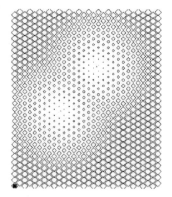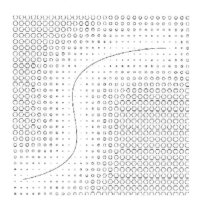

图 6-9　吸引子算法生成的艺术效果

素上。吸引子算法可以进行多个物理量的叠加，在多方向力的作用下影响其他的相关要素，甚至可以调整影响吸引子的形式和吸引力的大小，使场内形成不同的吸引，生成不断变化的艺术效果（图 6-9）。

吸引子算法在建筑表皮设计中应用广泛，在室内设计中可根据室内影响要素设置干扰点或干扰曲线。例如，对大型建筑内顶棚的灯具安装，可以根据场内布置进行位置的计算，将重要节点设置为吸引子的干扰点，距离干扰点较远的灯光可适当加大距离，反之则缩小距离。在空间造型设计上，也可利用吸引子算法进行隔断造型墙面的设计。丹麦 BIG 建筑事务所和荷兰 UNStudio 建筑事务所都在运用吸引子算法进行参数化

设计方面做出了大量探索。

【哈萨克斯坦国家图书馆表皮设计】

丹麦 BIG 建筑事务所设计的哈萨克斯坦国家图书馆中标方案，是具有代表性的吸引子算法案例。该建筑位于首都阿斯塔纳，外围采用了两个莫比乌斯带相扣形成的表皮，连续变化的表皮由菱形结构组成，每个菱形单元都开有大小不同的孔洞，而开孔的依据就是通过 Ecotect 计算太阳辐射得来的。设计师采用 Rhino 软件获取目标表皮后进行网格化处理，然后导入 Ecotect 进行辐射累计分析，将导出的分析数据表格运用于 Rhino script，提取表格数据控制表皮中菱形洞口的尺寸，阳光辐射强的地方开孔小，反之则开孔大（图 6-10、图 6-11）。

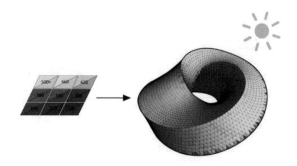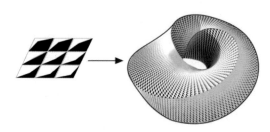

Pattern as climate screen

By using state of the art technology and simulation capacity we have calculated the thermal exposure on the building envelope. Due to the warping and twisting geometry the thermal imprint on the façade is continually varying in intensity. The thermal map ranging from blue to red reveals which zones do and do not need shading.

By translating the climatic information into a façade pattern of varying openness we create a form of ecological ornament that regulates the solar impact according to thermal requirements. The result is a contemporary interpretation of the traditional patterns and fabrics from the yurt. Both sustainable and beautiful.

图 6-10　哈萨克斯坦国家图书馆表皮生成

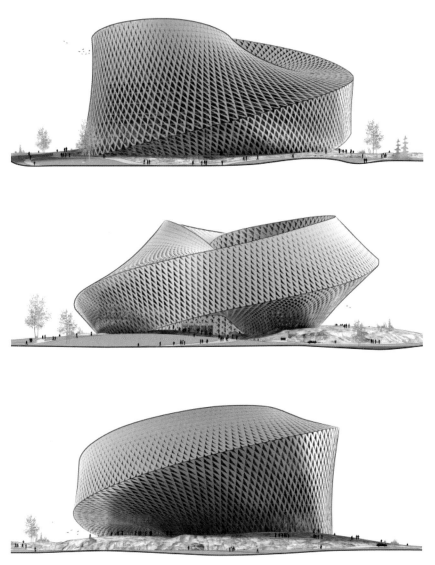

图6-11　哈萨克斯坦国家图书馆外立面

【圣彼得堡舞蹈剧场表皮设计】

荷兰 UNStudio 建筑事务所中标的圣彼得堡舞蹈剧场方案，其建筑表皮设计的参数获取方法也可以理解为吸引子算法生成的过程。剧场建筑表面采用三角形的穿孔复合板与不透明板组合，穿孔的大小由不同空间的开放性、视景朝向及建筑的整体形态要求来确定，穿孔的尺寸及其渐变规律由建筑师基于参数化系统主观设定，使得建筑物在保持体量感的同时具有透明特征，并与周边城市公共空间及历史建筑形成对话（图6-12）。

2. 形态生成设计

除表皮生成设计以外，参数化技术也可以用于建筑的形态生成设计。建筑的形态生成受到外部影响和内部要求的共同作用，可以看作一个复杂的系统，众多外部及内在因素的综合作用决定设计结果。形态生成设计可以把各种影响因素看成参数（Parameter），并在对场地及建筑性能研究的基础上，找到

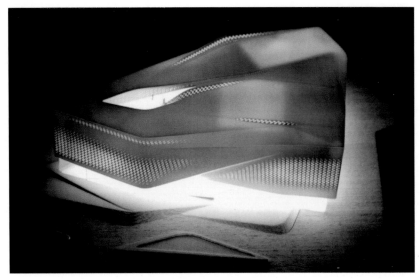

图 6-12　圣彼得堡舞蹈剧场模型

联结各个参数的规则，进而建立参数模型（Parametric Model），运用计算机技术生成建筑体量、空间或结构，且可以通过改变参数的数值，获得多样性及动态性的设计方案。这一过程中，确定参数及其相互关系是形态生成设计的核心，形体只是在确立初始条件因素后，经过一系列逻辑推理过程生成的结果。

三维分形几何常被建筑师应用在不规则形体建筑的形态生成设计中。自然界存在大量不规则形态，这些不规则形态都具有与自身相似的结构或是整体与局部有相似的几何形体结构。如美国佛罗里达千岛群岛、南阿拉斯加冰原沼泽及瀑布、闪电的形态。分形几何图形的创建方法有迭代、仿射、非线性变换等，分别对应简单的自然几何形态、复杂的自然形态、复杂的几何形态等。分形几何建立以后，建筑师将其应用于文化主题建筑的艺术创作之中，获得新的形态生成设计方法。

元胞自动机（Cellular Automaton）作为一

种动态模型和通用性建模的方法，也被广泛应用于模拟系统整体行为和复杂现象的形态生成设计。元胞自动机是一个迭代系统，以单元格为基本单位组成。元胞自动机的初始状态大多是简单的单元格构成，单元格之间随着迭代过程的推进而相互影响，并以既定的规则生长、扩散。每个单元格的状态都有可能根据初始格的排布状态和迭代规则进行运算迭代而改变，整体单元格的排布会处于一个动态的变化过程中，但无论经过多少次迭代，都会满足既定的迭代规则。三维元胞自动机将若干个三维的单元排列组合在三维空间中，按照迭代规律生成三维空间形态（图 6-13）。

以三维分形几何为特征的 L-System 模型，描述了一种典型的植物形态逻辑关系，为计算机模拟自然形态提供了有力的工具。1968年，生物学家 Aristid Lindermayer 提出 L-System 模型，用来揭示植物丰富形态下隐含的几何特征规律。其基本思想类似于树木生长过程——从一条树枝开始，生发出更细的枝条，而新的枝条又继续生枝，一直到程

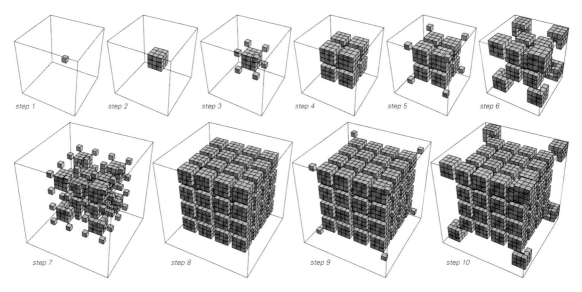

step 1　step 2　step 3　step 4　step 5　step 6

step 7　step 8　step 9　step 10

图 6-13　三维元胞自动机的扩散过程

序停止。以在计算机中建立一棵二维树模型为例，在定义一个基本规则之后，主干依据定义好的规则生成第一级枝条，第一级枝条再以相同的逻辑生成下一级枝条。多次循环之后，一棵二维树的模型便基于同样的逻辑产生。

【印度托特屋餐厅】

由 Serie 建筑事务所设计的印度托特屋餐厅是用 L-System 模型进行参数化设计的典型案例。该项目是对孟买一处古老殖民地历史保护区中空置建筑物的改造。场地被多年生长的茂密雨林所覆盖，成为建筑环境最明显的特色。建筑师将树枝状形态作为建构形体的逻辑起点，以 L-System 作为参数化工具，通过定义多组数据作为原始输入条件，在行列式布置的主干上以连续生长的逻辑不断衍生新的枝条，最终形成一种类似自然的树状分支系统（图 6-14）。系统自下而上地生长，

以同样的逻辑由简单向复杂转化。建筑师的逻辑思维演化为复杂系统内在繁衍的生命力，以"取之自然、回归自然"的理念与外界雨林产生了有机的联系。通过对随机量的控制，树冠形状可以产生丰富的变化，镂空的结构也使光线透入建筑内部形成纷繁梦幻的光斑变化。

元胞自动机可以用来描述不同尺度中人的行为、建筑聚落的生长以及城市交通的推演等规律、在聚落繁衍扩张的过程中，以当地的人文自然脉络为基础进行扩张，包括气候地质特征、人文风俗、历史文化等元素，按照相似的原理，每一次扩张的过程都是这样的，而且是迭代生长的，可以用元胞自动机的模型进行模拟和预测。[1] 在文化主题建筑设计中，可以利用元胞自动机对传统聚落的扩张规律进行模拟和预测，并根据迭代规律，生成新的建筑体量。

① 詹云军，朱捷缘，严岩 . 基于元胞自动机的城市空间动态模拟 [J]. 生态学报，2017（14）：4864-4872.

图 6-14　托特屋餐厅

【"栖息地 67 号"】

以色列裔加拿大建筑师 Moshe Safdie 设计的"栖息地 67 号"住宅体现了元胞自动机对建筑体量生成的指导作用。该建筑由若干居住单元构成，每个居住单元作为元胞自动机中"生存"的单元格，其居住单元配套的户外平台则作为"死亡"的单元格。建筑师希望每一个居住单元都能配有一个户外平台，而户外平台下方则是下一层居住单元的屋顶。整个建筑体量是由二维的元胞自动机将每次的迭代结果竖向叠加形成三维的体量。通过建筑师的设计理念，可以总结出迭代规则：每一次迭代，新产生的单元体不能与上次迭代的单元体完全重合，以便产生屋顶平台，但也需要与上次迭代的单元体存在重叠区域以便获得支撑。将若干次迭代结果竖向叠加，便形成了错落有致的建筑体量。这样一种依靠秩序生成的复杂建筑体量，一方面为建筑的复杂性提供了更多的实现手段，另一方面也赋予了建筑一定的自然特性，建筑体量之间以聚集和扩散的特征聚合在一起，从首层

到顶层，逐渐生长，形成具有自然特征的聚合体，使得建筑与自然环境更好地契合[①]（图 6-15）。

拓扑几何学中的图形关系也可作为参数化设计中参数之间建立联系的关系式。基于拓扑学，通过改变可变参数或改变关系式，参数化设计就可以得到具有拓扑属性的造型。如莫比乌斯带曲面的运用，在同样大小的平面通过扭转使原本的空间延展，从而获得更大的可用空间。

【凤凰国际传媒中心】

凤凰国际传媒中心是一个集文化、传媒、办公等多功能于一体的综合性建筑。其设计灵感来源于凤凰卫视的徽标和莫比乌斯环。建筑的形式非常富有表现力和独特性，参数化技术的应用实现了复杂造型的呈现（图 6-16）。同时，空间形态的生成也与用地条件限制有很大关系。场地一侧面向带有水面的城市公共绿地，另一侧则是一条弯曲的

图 6-15　"栖息地 67 号"

图 6-16　凤凰国际传媒中心鸟瞰

图 6-17　凤凰国际传媒中心公共空间

街道。建筑师希望这座建筑接近自然，与自然对话，通过整体化的外壳将两个建筑单体联系在一起，这既是对客户的总部办公和电视制作功能的回应，又在两座建筑物与外壳之间构建了许多公共空间，创造了非常具有科技和未来感的空间体验（图 6-17）。

编织造型也是表达文化主题建筑设计概念常用的形态生成参数化方法之一。基于"编织算法"的编织造型，来源于一种利用线性杆件构成围合空间的传统工艺。编织造型中基本构件元素之间以编织规律形成一定的约束效果，构成一个复杂的织物形态，且杆件受力达到一种平衡，具备清晰的构建逻辑，是兼具艺术性与复杂性的造型方式。

编织工艺作为世界各地多民族的传统手工艺，具有地方性的审美特性。不同文化背景下，建筑师在编织造型中运用的建筑材料、图案纹理、建构方式等，会呈现出多样化特点，体现了当地的文化特色，能够作为文化符号给予人精神寄托。编织造型还能产生复杂的视觉效果和细腻的情感体验。充分利用编织造型的特征，可以塑造具有丰富文化内涵的艺术效果。

参数化设计通过运用计算机数学运算，能够高效便捷地呈现出编织造型，同时还能够对逻辑关系进行反复调整，以达到最优效果。编织造型的创建需要在相应的基面上进行，首先在基面上进行点的分布，然后对点进行向内或向外偏移，连接偏移点形成连接线，对线赋予相应的造型属性，如管状、面状等，就可以完成三维空间的编织造型（图 6-18）。

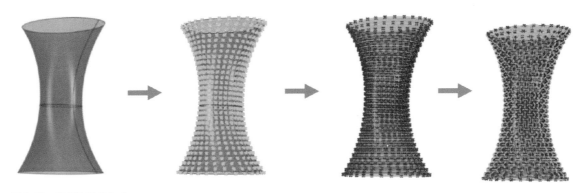

图 6-18　编织造型的生成

【法国梅斯蓬皮杜艺术中心新馆】

日本建筑师坂茂设计的蓬皮杜艺术中心新馆，坐落于法国梅斯市的一座公园内，灵感起源于坂茂于 1999 年在巴黎古董店找到的一顶中国传统编织草帽。以六边形编织的方式，利用木材建造一个网壳结构（图 6-19）。建筑顶部采用复杂的钢管和胶合板制作的六角形伞状结构支撑，覆盖着半透明的薄膜，起到保护作用。1 米厚的木梁作为结构的外框，然后把大约 0.2 米厚的木骨架沿着三个方向纵横交错编织起来，发展出其在立体空间内蜿蜒起伏的形状。每个方向的骨架都由两层的木板组成，在每个交接点有 6 层木板互相紧扣（图 6-20）。因此虽然这栋建筑的屋顶面积达 8000 平方米，但只需四根木柱便足够支撑。

6-19　蓬皮杜艺术中心新馆外观

图 6-20　蓬皮杜艺术中心新馆骨架结构

本章训练和作业

作业内容：熟悉参数化设计的原理和流程，掌握不同的参数化设计方法，根据任务书和设计概念，提出基于参数化的表皮生成设计或形态生成设计方案。

作业时间：课内 6 课时，课后 6 课时。

教学方式：理论讲解与案例教学相结合，同时进行设计实践指导，帮助学生在不断尝试和修改中，完成具有合理性和创新性的参数化设计。

要点提示：参数化设计是基于计算性思维的创新设计方法，并不是一项单独的设计内容，需要与场地设计、功能性空间设计、视觉传达设计等内容结合，将参数化方法应用于方案设计中。

作业要求：每个学生收集参数化设计的优秀案例，进行案例学习。提出自己的参数化设计方案，在课堂上与指导教师交流。

课后作业：学习参数化软件，对算法模型进行调试。

参考文献

白舸，屈行甫 . 中国古典园林中"游观"的美学阐释 [J]. 南京艺术学院学报（美术与设计），2018（04）：120-124.

蔡良娃，曾鹏 . 参数化建筑设计中美学意义的转变 [C]// 全国高等学校建筑学学科专业指导委员会 . 模拟·编码·协同：2012 年全国建筑院系建筑数字技术教学研讨会论文集 . 北京：中国建筑工业出版社，2012：179-184.

常青 . 风土观与建筑本土化 风土建筑谱系研究纲要 [J]. 时代建筑，2013（03）：10-15.

陈航宇 . 博物馆叙事展览策划中空间的营建 [J]. 艺术与民俗，2022（04）：4-10+18.

陈洁萍 . "小组十"、柯布西耶与毯式建筑 [J]. 建筑师，2007（04）：50-60.

陈铭 . 意与境：中国古典诗词美学三昧 [M]. 杭州：浙江大学出版社，2001.

陈望衡 . 环境美学是什么？[J]. 郑州大学学报（哲学社会科学版），2014，47（01）：101-103.

陈蔚镇，刘荃 . 作为城市触媒的景观 [J]. 建筑学报，2016（12）：88-93.

程泰宁，钱伯霖，王大鹏，等 . 浙江美术馆 [J]. 城市环境设计，2011.（04）：94-101.

程泰宁，王大鹏 . 通感·意象·建构：浙江美术馆建筑创作后记 [J]. 建筑学报，2010（6）.66-69.

董霄龙 . 基于工业美学的建构 [J]. 世界建筑，2020（09）：36-41+132.

费瑟斯通 . 消费文化与后现代主义 [M]. 刘精明，译 . 上海：译林出版社，2000.

冯天瑜，何晓明，周积明 . 中华文化史 [M]. 上海：上海人民出版社，2015.

郭湘闽，杨敏，彭珂 . 基于 IP（知识产权）的文化型特色小镇规划营建方法研究 [J]. 规划师，2018，34（01）：16-23.

胡广椇 . 利用元胞自动机算法的建筑形态生成设计 [J]. 重庆建筑，2023，22（11）：30-33.

黄捷 . 圆润双砾：广州歌剧院设计 [J]. 建筑学报，2010（08）：66-67.

霍尔 . 锚 [M]. 符济湘，译 . 天津：天津大学出版社，2010.

吉国华 . 传统冰裂纹的数字生成 [J]. 新建筑，2015（05）：28-30.

贾超，郑力鹏 . 工业建筑遗产的美学内涵探析 [J]. 工业建筑，2017，47（08）：1-6.

科特勒，等．地方营销 [M]．翁瑾，张惠俊，译．上海：上海财经大学出版社，2008．

孔祥伟．稻田校园：一次简单置换带来的观念重建 [J]．建筑与文化，2007（01）：16-19．

来嘉隆．建筑通感研究：一种建筑创造性思维的提出与建构 [D]．南京：东南大学，2017．

李保峰，丁建民，徐昌顺．青龙山白垩纪恐龙蛋遗址博物馆适宜建造研究 [J]．建筑学报，2014（07）：102-106．

李沁．英国城市文化复兴实例研究 [D]．上海：同济大学，2009．

李兴钢，侯新觉，谭舟．"微缩北京"：大院胡同 28 号改造 [J]．建筑学报，2018（07）：5-15．

李兴钢，张音玄，张哲，等．留树作庭随遇而安折顶拟山会心不远：记绩溪博物馆 [J]．建筑学报，2014（02）：40-45．

林兵．木心美术馆 [J]．建筑学报，2016（12）：38-43．

林奇．城市意象 [M]．万美文，译．北京：华夏出版社，2001．

刘家琨．鹿野苑石刻博物馆 [J]．北京规划建设，2004（06）：176-182．

刘孟荀．景观都市主义在当代公共建筑设计中的影响研究：以美国东海岸建筑事务所作品为例 [J]．园林与景观设计，2020，17（12）：157-160．

刘延川．参数化设计：方法、思维和工作组织模式 [J]．建筑技艺，2011（1）：34-37．

刘岩，张杰，胡建新，等．尊重现状、面向未来：景德镇陶溪川宇宙瓷厂片区的规划与设计 [J]．建筑学报，2023（04）：12-18．

刘云．城市地标保护与城市文脉延续：以美国地标保护为例 [D]．北京：中央美术学院，2017．

陆邵明．空间叙事设计的理论脉络及其当代价值 [J]．文化研究，2020（04）：158-181．

罗，科特．拼贴城市 [M]．童明，译．上海：同济大学出版社，2021．

罗西．城市建筑学 [M]．黄士钧，译．北京：中国建筑工业出版社，2006．

孟岩．"城中村"中的美术馆　深圳大芬美术馆 [J]．时代建筑，2007（05）：100-107．

诺伯舒兹．场所精神：迈向建筑现象学 [M]．施植明，译．武汉：华中科技大学出版社，2010．

潘玥．风土：写在现代的边缘：探索现代风土建筑理论流变的历史 [J]．建筑学报，2023（01）：82-89．

庞朴．文化的民族性和时代性 [M]．北京：中国和平出版社，1988．

齐康 . 象征不朽精神 寄托无尽思念：淮安周恩来纪念馆建筑创作设计 [J] . 建筑学报，1993 (03)：24-28.

秦朗 . 城市复兴中城市文化空间的发展模式及设计 [D] . 重庆：重庆大学，2016.

屈米 . 建筑概念：红不只是一种颜色 [M] . 陈亚，译 . 北京：电子工业出版社，2014.

阮仪三，孙萌 . 我国历史街区保护与规划的若干问题研究 [J] . 城市规划，2001 (10)：25-32.

萨林加罗斯 . 城市结构原理 [M] . 阳建强，程佳佳，刘凌，等译 . 北京：中国建筑工业出版社，2011.

沙子岩，毛其智 . 从欧美案例探讨北京历史街区保护的有效途径 [J] . 北京规划建设，2013 (04)：6-10.

邵汉明 . 中国文化研究二十年 [M] . 北京：人民出版社，2003.

石孟良，彭建国，汤放华 . 秩序的审美价值与当代建筑的美学追求 [J] . 建筑学报，2010 (4)：17.

佟裕哲，刘晖 . 中国地景建筑理论的研究 [J] . 中国园林，2003 (08)：32-39.

童寯 . 东南园墅 [M] . 长沙：湖南美术出版社，2018.

童寯 . 江南园林志 [M] . 2 版 . 北京：中国建筑工业出版社，2014.

瓦尔德海姆 . 景观都市主义 [M] . 刘海龙，刘东云，孙璐，译 . 北京：中国建筑工业出版社，2011.

王骏阳 . 20 世纪下半叶以来的 3 个建筑学转向与"风土"话语（上）[J] . 建筑学报，2022 (07)：73-79.

王男，薛媛，王佩国 . 基于过程逻辑的设计思维方式探究 [J] . 艺术教育，2014，(08)：268+273.

王澍，陆文宇 . 宁波博物馆，宁波，浙江，中国 [J] . 世界建筑，2015 (05)：110-111.

王澍 . 自然形态的叙事与几何：宁波博物馆创作笔记 [J] . 时代建筑，2009 (03)：66-79.

吴军 . 场景理论：利用文化因素推动城市发展研究的新视角 [J] . 湖南社会科学，2017 (02)：175-182.

吴鹏 . 美术馆的共生逻辑：空间中的展览和展览中的空间 [J] . 艺术市场，2023 (01)：58-61.

西尔，克拉克 . 场景：空间品质如何塑造社会生活 [M] . 祁述裕，吴军，等译 . 北京：社会科学文献出版社，2019.

西蒙兹，斯塔克 . 景观设计学：场地规划与设计手册 [M] . 朱强，俞孔坚，王志芳，等译 . 北京：中国建筑工业出版社，2009.

萧放 . 地方文化研究的三个维度 [J] . 民族艺术，2012 (02)：48-50.

邢同和，周红．再铸历史文化的丰碑：记上海鲁迅纪念馆建筑设计 [J]．建筑学报，2001 (08)：24-27．

许李严建筑师事务有限公司．广东省博物馆 [J]．城市建筑，2011 (08)：77-82．

薛富兴．东方神韵：意境论 [M]．北京：人民文学出版社，2000．

杨波．艺术通感：一种统觉性创造性的审美能力：艺术通感的审美阐释 [J]．新疆大学学报（哲学社会科学版），2003 (04)：82-86．

杨春风．城市文化镜像：从"文化工业"到"文化规划" [J]．社会科学家，2012 (08)：150-153．

杨丽，周婕，杨丽．大学社区设计中心：美国建筑教育服务性学习的组织形式 [J]．新建筑，2012 (04)：131-134．

姚仁喜．古城新意：苏州诚品书店 [J]．中国建筑装饰装修，2017 (03)：90-97．

叶朗．叶朗美学讲演录 [M]．北京：北京大学出版社，2021．

于立，张康生．以文化为导向的英国城市复兴策略 [J]．国际城市规划，2007 (04)：17-20．

余姝颖．程泰宁建筑创作历程及思想研究 [D]．南京：东南大学，2021．

俞孔坚，方琬丽．中国工业遗产初探 [J]．建筑学报，2006 (8)：12-15．

俞孔坚，韩毅，韩晓晔．将稻香溶入书声：沈阳建筑大学校园环境设 [J]．中国园林，2005 (05)：12-16．

袁大伟．基于参数化技术的建筑形体几何逻辑建构方法研究 [D]．北京：清华大学，2011．

袁奇峰．广州 CBD 收官：珠江新城 20 年得失 [J]．北京规划建设，2014 (06)：169-173．

张鸿雁．城市文化资本论 [M]．2 版．南京：东南大学出版社，2010．

张维宸，王梦雪．M+ 博物馆中国香港 [J]．建筑创作，2022 (03)：18-65．

张新军．叙事学的跨学科线路 [J]．江西社会科学，2008 (10)：38-42．

张学东．设计叙事：从自发、自觉到自主 [J]．江西社会科学，2013，33 (02)：232-235．

朱昊昊．书写柏林：一项关于城市建筑的设计研究 [J]．建筑师，2022 (03)：42-51．

朱宏宇．从传统走向未来：印度建筑师查尔斯·柯里亚 [J]．建筑师，2004 (03)：45-51．

筑境设计．温岭博物馆 [J]．当代建筑，2021 (03)：61-69+60．

宗白华 . 艺境 [M] . 3 版 . 北京: 北京大学出版社, 2003.

CAIGE L . 桥上书屋, 下石村, 福建, 中国 [J] . 世界建筑, 2014 (09) : 54-63.

TSCHUMI B, MERLINI L, VILLEGAS A, et al. 拉 · 维莱特公园 [J] . 城市环境设计, 2016 (01) : 54-65.